工程测量学

王晓军　康　荔　姚光飞　著

哈尔滨工业大学出版社

图书在版编目(CIP)数据

工程测量学 / 王晓军,康荔,姚光飞著. — 哈
尔滨:哈尔滨工业大学出版社,2021.10
ISBN 978-7-5603-9758-0

Ⅰ. ①工… Ⅱ. ①王… ②康… ③姚… Ⅲ. ①工程测量
Ⅳ. ①TB22

中国版本图书馆 CIP 数据核字(2021)第 211451 号

策划编辑 张凤涛
责任编辑 李青晏 周轩毅
封面设计 宣是设计
出版发行 哈尔滨工业大学出版社
社　　址 哈尔滨市南岗区复华四道街 10 号　邮编 150006
传　　真 0451-86414749
网　　址 http://hitpress.hit.edu.cn
印　　刷 北京荣玉印刷有限公司
开　　本 787mm×1092mm　1/16　印张 14.5　字数 374 千字
版　　次 2021 年 10 月第 1 版　2021 年 10 月第 1 次印刷
书　　号 ISBN 978-7-5603-9758-0
定　　价 45.00 元

前言
PREFACE

工程测量是直接为各建设项目的勘测、设计、施工、安装、竣工、监测及营运管理等一系列工程工序服务的。"工程测量学"是测绘工程专业的一门专业课程,它是在学生学习了"测量学基础""控制测量学""摄影测量学"等先修课程后开设的课程,其内容详细实用。

本书共九章,内容包括工程测量学的概论、距离测量与直线定向、角度测量、测量误差的基本知识、大比例尺地形图测绘及应用、控制测量、线路工程测量、电子测绘仪器原理与应用、工业与民用建筑的施工测量等。

本书详细介绍了建立工程控制网和施工放样的方法和要求,并分类介绍了工业与民用建筑、道路、桥梁、隧道、水利枢纽、矿山等工程建设中的具体测量工作,各章之间既相互独立又相互联系,体现了工程测量既有共性又有个性的特点。本书在注重基本理论、方法的基础上,又结合了一些典型工程的测量实践,并引入了新的理论和技术。

本书可作为测绘工程专业的教学用书,也可作为从事测绘工作的专业技术人员的参考用书。

由于作者水平有限,书中疏漏之处在所难免,恳请广大读者批评指正。

作 者
2021 年 6 月

目录

CONTENTS

第一章 工程测量学的概论 ······ (1)

第一节 工程测量的作用及任务 ······ (2)

第二节 地球的形状和大小 ······ (3)

第三节 地球椭球及地球圆球 ······ (4)

第四节 高斯投影和高斯平面直角坐标系统 ······ (6)

第五节 测量常用坐标系统 ······ (8)

第六节 高程系统 ······ (11)

第七节 用水平面代替水准面的限度 ······ (12)

第八节 测绘地形图的程序和原则 ······ (15)

思考题 ······ (16)

第二章 距离测量与直线定向 ······ (18)

第一节 钢尺量距 ······ (19)

第二节 视距测量 ······ (29)

第三节 电磁波测距 ······ (30)

第四节 全站仪测量技术 ······ (34)

第五节 直线定向 ······ (38)

第六节 用罗盘仪测定磁方位角 ······ (40)

思考题 ······ (42)

第三章 角度测量 ······ (44)

第一节 普通光学经纬仪的组成和使用 ······ (45)

第二节 水平角测量 ······ (49)

第三节 竖直角测量 ······ (53)

第四节 光学经纬仪检验和校正 ······ (57)

第五节 电子测角 ······ (61)

第六节 消减角度测量误差的措施 ······ (63)

思考题 ······ (66)

第四章 测量误差的基本知识 ······ (69)

第一节 测量误差的来源及分类 ······ (70)

第二节 偶然误差统计特性 ······ (72)

第三节 评定观测值精度的标准 ······ (74)

第四节　误差传播定律及应用 ……………………………………………… (76)

第五节　不等精度直接观测平差 …………………………………………… (78)

思考题 ……………………………………………………………………… (82)

第五章　大比例尺地形图测绘及应用 ……………………………………… (83)

第一节　地形图的基本知识 ………………………………………………… (84)

第二节　地物和地貌在地形图上的表示方法 ……………………………… (90)

第三节　测图前的准备工作 ………………………………………………… (96)

第四节　大比例尺地形图测绘 ……………………………………………… (100)

第五节　地形图的检查、拼接与整饰 ……………………………………… (104)

第六节　全站仪数字化测图 ………………………………………………… (106)

第七节　地形图的应用 ……………………………………………………… (109)

思考题 ……………………………………………………………………… (117)

第六章　控制测量 …………………………………………………………… (118)

第一节　概述 ………………………………………………………………… (119)

第二节　导线测量 …………………………………………………………… (124)

第三节　小三角测量 ………………………………………………………… (132)

第四节　交会定点 …………………………………………………………… (134)

第五节　三角高程测量 ……………………………………………………… (138)

思考题 ……………………………………………………………………… (139)

第七章　线路工程测量 ……………………………………………………… (140)

第一节　概述 ………………………………………………………………… (141)

第二节　公路线路施工测量 ………………………………………………… (141)

第三节　铁路线路施工测量 ………………………………………………… (145)

第四节　桥梁施工测量 ……………………………………………………… (157)

第五节　隧道施工测量 ……………………………………………………… (164)

第六节　管道施工测量 ……………………………………………………… (171)

思考题 ……………………………………………………………………… (177)

第八章　电子测绘仪器原理与应用 ………………………………………… (178)

第一节　电子测角原理 ……………………………………………………… (179)

第二节　电磁波测距原理 …………………………………………………… (182)

第三节　全站仪及其使用 …………………………………………………… (185)

第四节　数字水准仪原理 …………………………………………………… (191)

第五节　全球卫星导航定位测量基础 ……………………………………… (193)

第六节　三维激光扫描测量技术 …………………………………………… (198)

思考题 ……………………………………………………………………… (201)

第九章　工业与民用建筑的施工测量 ……………………………………… (202)

第一节　概述 ………………………………………………………………… (203)

第二节　建筑场地上的控制测量……………………………………（204）

第三节　民用建筑施工中的测量工作………………………………（207）

第四节　工业厂房施工中的测量工作………………………………（210）

第五节　高层建筑施工测量…………………………………………（214）

第六节　建筑物变形观测……………………………………………（217）

第七节　竣工总平面图的编绘………………………………………（222）

　　思考题……………………………………………………………（223）

参考文献……………………………………………………………（224）

第一章　工程测量学的概论

1. 了解工程测量的作用及任务
2. 熟悉地球的形状和大小
3. 理解地球椭球及地球圆球
4. 掌握测量常用坐标系统
5. 掌握用水平面代替水准面的限度

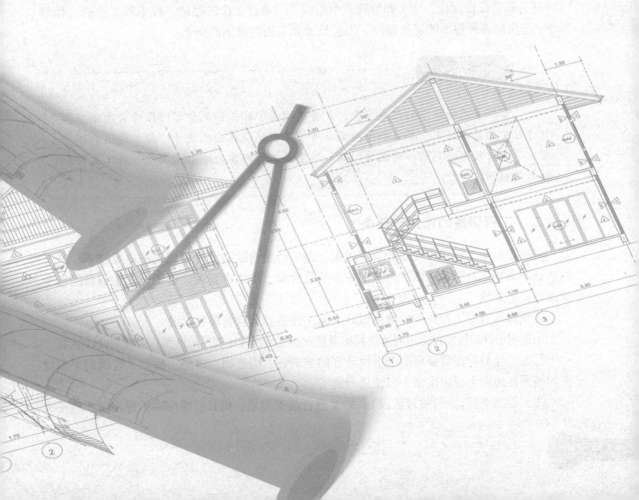

第一节　工程测量的作用及任务

一、测绘学及工程测量

测绘学是研究地球形状和大小以及确定地球表面物体的空间位置，并将这些空间位置信息进行处理、存储和管理的科学。其任务概括起来主要有三个方面：①精确地测定地面点的位置及地球的形状和大小；②将地球表面的形态及其他相关信息制成各种类型的资料；③进行经济建设和国防建设所需要的其他测绘工作，如土木工程测量、交通工程测量、桥梁隧道工程测量、矿山测量、城市测量、军事工程测量、水利工程测量、海洋工程测量等。

测绘被广泛用于陆地、海洋和天空等各个领域，对国土规划整治、经济和国防建设、国家管理和人民生活起到重要作用，是国家建设中的一项先行性、基础性工作。在国民经济和社会发展规划中，测绘信息是最重要的基础信息之一。

测绘学按照研究范围、研究对象及采用技术手段的不同可以分为：①研究地球形状和大小，解决大范围地区的点位测定和地球重力场问题的大地测量学；②不顾及地球曲率影响，研究在地球表面局部区域内测绘地形图的理论、技术和方法的普通测量学；③研究利用摄影或遥感技术获取被测物体的信息，以确定其形状、大小和空间位置的摄影测量学；④研究工程建设在设计、施工和管理各个阶段进行测量工作的理论、技术和方法的工程测量学；⑤研究各种地图的制作理论、工艺技术和应用的地图制图学。

> ### 小贴士
>
> 工程测量是测绘学的组成部分，是普通测量学和工程测量学的理论与方法在工程建设中的具体应用，其目的是研究并解决工程建设在勘测设计、施工建造和运营管理等各阶段中遇到的各种测量问题，其主要工作内容为地形图测绘、施工放样和地形图应用。

二、工程测量的作用与任务

工程测量是工程建设规划的重要依据，是工程建设勘测设计现代化的重要技术，是工程建设顺利施工的重要保证，是工程综合质量检验、房地产管理、重要土木工程设施安全监视的重要手段。

工程测量贯穿工程建设的勘测设计、施工建造和运营管理各阶段。

①勘测设计阶段需要运用测量仪器和测量方法测绘各种比例尺地形图，供规划设计使用。

②施工建造阶段需要将图纸上设计好的建筑物、构造物、道路、桥梁及管线的平面位置和高程在地面上标定出来，以便进行施工。

③工程结束后(运营管理阶段)，需要进行竣工测量，供日后维修和扩建使用，对于大

型或重要建筑物、构造物，还需要定期进行变形观测，确保其安全。

空间点的位置确定是工程测量的核心。空间点位置的表示随投影方法和投影基准的不同而不同。采用地心坐标系时，空间点位置可用 X、Y、Z 三维坐标表示。工程建设的规划与设计通常是在平面上进行的，需要将地球表面上的位置投影在平面上，以满足规划与设计需求。我国工程测量选用了高斯（Gauss）投影方法，在高斯平面建立直角坐标系，用于表示点的平面位置，另一维坐标采用高程 H 表示。

第二节　地球的形状和大小

自古以来，人类就很关心地球的形状与大小，对它的研究也从来没有停止过。研究地球的形状与大小是通过测量工作进行的。

地球是太阳系中的一颗行星，它围绕着太阳公转，又绕着自己的旋转轴自转。地球的公转和自转使地球形体为椭球状，其赤道半径大、两极半径小。地球的自然表面极其复杂，有高山、丘陵、深谷，有盆地、平原、海洋，有"世界第一高峰"的珠穆朗玛峰，有"世界海洋最深处"的马里亚纳海沟，地形起伏很大。但是由于地球半径长达约 6 371 km，地面高低变化幅度相对于地球半径只有 1/300，因此从宏观上看，仍然可以将地球看作圆滑椭球体。地球自然表面大部分是海洋，占地球表面积的 71%，陆地仅占 29%，所以人们设想将静止的海水面向大陆延伸形成的闭合曲面来代替地球表面。

地球上每个质点都受到地球引力的作用，又由于地球的自转受到离心力的作用，因此地球上每个质点都受到这两个力的作用，这两个力的合力称为重力，如图 1-1 所示，重力方向线又称为铅垂线。地球表面的水面中每个水分子都会受到重力作用，当水面静止时，说明每个水分子的重力位相等。静止的水面称为水准面，水准面上处处重力位相等，所以水准面是等位面，水准面上的任意一点均与重力方向正交。水准面有无穷多个，并且互不相交，其中与静止的平均海水面相重合的闭合水准面称为大地水准面。大地水准面与水准面一样，也是等位面，该面上的任意一点均与重力方向正交。大地水准面所包含的形体称为大地体。铅垂线和大地水准面分别是测量工作的基准线和基准面。

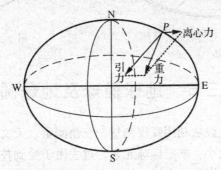

图 1-1　地球重力

大地水准面与地球表面相比，可以算是一个光滑的曲面，如图 1-2 所示。但是由于地球表面起伏和地球内部物质分布不均匀，重力的大小和方向会产生不规则的变化，导致与重力方向正交的大地水准面会有微小的起伏变化，因此大地水准面实际上是一个不规则的曲面，是一个物理面，它与地球内部物质构造密切相关。大地水准面是研究地球重力场和地球内部构造的重要依据。

　　椭球参数为 a、b 和 α。a 为长半轴，b 为短半轴，α 为扁率，有

$$\alpha = \frac{a-b}{a} \tag{1-1}$$

若 $\alpha = 0$，则为正圆球。旋转椭球面是一个数学面，在空间直角坐标系 $OXYZ$ 中，椭球标准方程为

$$\frac{X^2}{a^2} + \frac{Y^2}{a^2} + \frac{Z^2}{b^2} = 1 \tag{1-2}$$

　　测量中将旋转椭球面代替大地水准面作为测量计算和制图的基准面，图1-3所示为旋转椭球体。

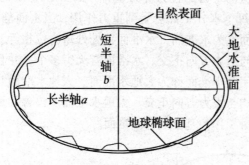

图 1-2　地球三面位置关系图

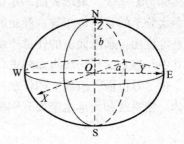

图 1-3　旋转椭球体

第三节　地球椭球及地球圆球

　　各国大地测量学者一直设法利用弧度测量、三角测量、天文、重力测量和地壳均衡补偿理论推求地球椭球体的大小，求定椭球元素。过去由于受到技术条件限制，只能用个别国家或局部地区的大地测量资料推求椭球体元素，因此有局限性，只能作为地球形状和大小的参考，故称为参考椭球。参考椭球确定后，还必须确定椭球与大地体的相关位置，使椭球体与大地体间达到最好扣合，这一工作称为椭球定位。最简单的是单点定位。如图1-4所示，在地面选择 P 点，将 P 点沿垂线投影到大地水准面 P' 点，然后使椭球在 P' 与大地体相切，这时过 P' 点的法线与过 P' 点的垂线重合，椭球与大地体的关系就确定了。切

点 P' 为大地原点。参考椭球与局部大地水准面密合，它是局部地区大地测量计算的基准面。卫星大地测量出现后，可以得到围绕地球运转的卫星测量资料，同时顾及地球几何及物理参数，如下。

①几何参数：长半径 a。

②物理参数：引力常数和地球质量乘积 GM；地球重力场二阶带球谐系数 J_2；地球自转角速度 ω_e。

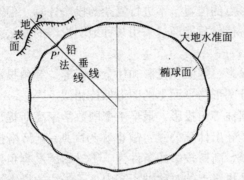

图 1-4 参考椭球体定位

根据这些参数可推算出与大地体密合得最好的地球椭球，这样的椭球称为总地球椭球。总地球椭球有以下性质。

(1)和地球大地体体积相等，质量相等。

(2)椭球中心和地球质心重合。

(3)椭球短轴和地球地轴重合。

(4)椭球和全球大地水准面差距 N 的平方和最小。

当测区范围较小（100 km²）时，可以将椭球近似看作圆球，圆球平均半径 R 为

$$R = \frac{1}{3}(2a+b) \approx 6\ 371\ \text{km}$$

表 1-1 为部分著名的地球椭球参数。

表 1-1 几种地球椭球参数

参数提出者(模型)	长半轴 a/m	短半轴 b/m	扁率 α	推算年代和国家(组织)
德兰布尔	6 375 653	6 356 564	1 : 334.0	1800 年, 法国
白塞尔	6 377 397	6 356 079	1 : 299.2	1841 年, 德国
克拉克	6 378 249	6 356 515	1 : 293.5	1880 年, 英国
海福特	6 378 388	6 356 912	1 : 297.0	1909 年, 美国
克拉索夫斯基	6 378 245	6 356 863	1 : 298.3	1940 年, 苏联
IUGG-75	6 378 140	6 356 755.3	1 : 298.257	1979 年, 国际大地测量与地球物理联合会
WGS-84	6 378 137	—	1 : 298.257 223 563	1984 年, 美国

第四节　高斯投影和高斯平面直角坐标系统

一、高斯投影原理

小面积测图时可以不考虑地球曲率的影响，直接将地面点沿铅垂线投影到水平面上，并用直角坐标系表示投影点的位置，不进行复杂的投影计算。但当测区范围较大时，就不能将地球表面当作平面看待，只能通过采用某种地图投影的方法来把地球椭球面上的图形展绘到平面上。

地图投影分为等角投影、等面积投影和任意投影等。等角投影又称正形投影，经过投影后，原椭球面上的微分图形与平面上的图形保持相似。

高斯投影是横切椭圆柱等角投影，最早由德国数学家高斯提出，后经德国大地测量学家克吕格完善、补充并推导出计算公式，故也称为高斯–克吕格投影。高斯投影是一种数学投影，而不是透视投影。高斯投影的条件为：①投影后没有角度变形；②中央子午线的投影是一条直线，并且是投影点的对称轴；③中央子午线的投影没有长度变形。

设想，用一个椭圆柱横套在地球椭球体外，与地球南、北极相切，如图1-5（a）所示，并与椭球体某一子午线相切（此子午线称为中央子午线），椭圆柱中心轴通过椭球体赤道面及椭球中心，将中央子午线两侧一定经度（如3°、1.5°）范围内的椭球面上的点、线按正形条件投影到椭圆柱面上，然后将椭圆柱面沿着通过南、北极的母线展开成平面，即形成高斯投影平面，如图1-5（b）所示。在此平面上，中央子午线和赤道的投影都是直线且正交，其他子午线和纬线都是曲线。中央子午线长度不变形，离开中央子午线越远变形越大，并凹向中央子午线，各纬圈投影后凸向赤道。

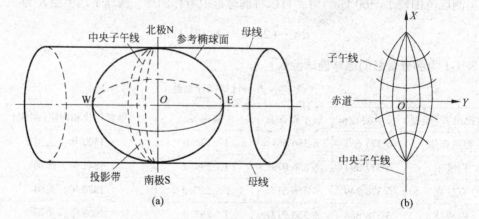

图1-5　高斯平面直角坐标系的投影图

由图1-5（b）可以看出，距离中央子午线越远，投影变形越大。为了控制长度变形，测量中采用限制投影带宽度的方法，即将投影区域限制在中央子午线的两侧狭长地带，这种方法称为分带投影。投影带宽度根据相邻两个子午线的经差来划分，有6°带、3°带等不同分带方法。

6°带投影的划分是从英国格林尼治子午线开始，自西向东，每隔6°投影一次。这样将椭球分成60个带，编号为1~60带，如图1-6所示。各带中央子午线的经度 L_0^6 可用下列公式计算。

中央子午线经度：

$$L_0^6 = 6° \cdot N - 3° \tag{1-3}$$

6°投影带带号：

$$N = \text{int}\left(\frac{L}{6°}\right) + 1 \tag{1-4}$$

式中　int( )——取整函数。

3°带划分是从东经1°30′起，由西向东划分为120个带，称为3°带，如图1-6所示。各带中央子午线的经度 L_0^3 可用下列公式计算。

中央子午线经度：

$$L_0^3 = 3° \cdot n \tag{1-5}$$

3°投影带带号：

$$n = \text{int}\left(\frac{L}{3°} + 0.5\right) \tag{1-6}$$

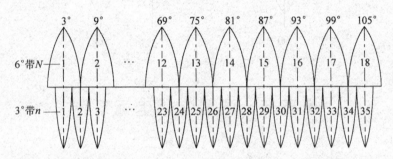

图1-6　统一6°带投影与统一3°带投影高斯平面直角坐标系的关系

> **小贴士**
>
> 我国通常采用6°带和3°带这两种分带方法。测图比例尺小于1:10 000 时，一般采用6°分带；测图比例尺大于或等于1:10 000 时，则采用3°分带。在工程测量中，有时也采用任意带投影，即把中央子午线放在测区中央的高斯投影。在高精度的测量中，也可采用小于3°的分带投影。

二、高斯平面直角坐标

高斯平面直角坐标系以赤道和中央子午线的交点作为坐标原点 O，中央子午线方向为 X 轴，北方向为正；赤道投影线为 Y 轴，东方向为正。象限Ⅰ、Ⅱ、Ⅲ、Ⅳ按顺时针排列，如图1-7所示。

地面点在图1-7(a)所示坐标系中的坐标值称为自然坐标。在同一投影带内，横坐标有正值、有负值，这不便于坐标的计算和使用。为了使 Y 值都为正，将纵坐标 X 轴西移

500 km，并在 Y 坐标前面冠以带号，称为通用坐标。如在第 21 带，中央子午线以西的 P 点，在高斯平面直角坐标系中的坐标自然值为

$$X_P = 4\ 429\ 757.075\ \text{m}$$
$$Y_P = -58\ 269.593\ \text{m}$$

而点坐标的通用值为

$$X_P = 4\ 429\ 757.075\ \text{m}$$
$$Y_P = 21\ 441\ 730.407\ \text{m}$$

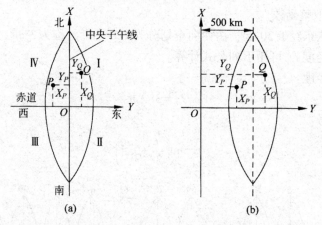

图 1-7　高斯平面直角坐标系

第五节　测量常用坐标系统

一、大地坐标系

大地坐标系以大地经度 L、大地纬度 B 和大地高度 $H_大$ 表示地面点的空间位置。

大地坐标是以法线为基准线，以椭球体面为基准面。如图 1-8 所示，地面点 P 沿着法线投影到椭球面上为 P'，P' 与椭球短轴构成子午面和起始大地子午面，即首子午面间两面角为大地经度 L，过 P 点的法线与赤道面的交角为大地纬度 B，过 P 点沿法线到椭球面的距离 PP' 称为大地高度，用 $H_大$ 表示。

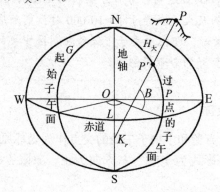

图 1-8　大地坐标

大地坐标是根据大地原点坐标(原点坐标采用该点天文经纬度表示)按大地测量所测得的数据推算得到的。由于天文坐标和大地坐标选用的基准线和基准面不同，所以同一点的天文坐标与大地坐标不同，同一点的垂线和法线也不同，因而产生垂线偏差。

二、空间直角坐标系

根据所选取的坐标原点位置的不同，空间直角坐标系可分为地心空间直角坐标系和参心空间直角坐标系。前者的坐标原点与地球质心相重合；后者的坐标原点则偏离地心，而重合于某个国家、地区所采用的参考椭球的中心。

空间大地直角坐标系的原点 O 为椭球中心，如图 1-9 所示。Z 轴与椭球旋转轴一致，指向地球北极；X 轴与椭球赤道面和格林尼治平均子午面的交线重合；Y 轴与 XZ 平面正交，指向东方；X、Y、Z 构成右手坐标系，P 点的空间大地直角坐标用 (X, Y, Z) 表示。

参考椭球的中心一般不会与地球的质心相重合。这种原点位于地球质心附近的坐标系通常又称为地球参心坐标系，简称参心坐标系，主要用于常规大地测量的成果处理。

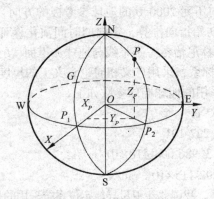

图 1-9　空间直角坐标系

三、我国目前常用坐标系

1. 北京坐标系

新中国成立初期采用克拉索夫斯基椭球建立的坐标系为参考坐标系。由于克拉索夫斯基椭球大地原点在苏联，因此利用我国东北边境呼玛、吉拉林、东宁三个基线网与苏联大地网联测后的坐标作为我国天文大地网起算数据，然后通过天文大地网坐标计算，推算出北京名义上的原点坐标，命名为 1954 北京坐标系。新中国成立以来，用 1954 北京坐标系进行了大量测绘工作，其在我国经济建设和国防建设中发挥了重要作用。但是这个坐标系存在一些问题：①参考椭球长半轴偏大，比地球总椭球大了一百多米；②椭球基准轴定向不明确；③椭球面与我国境内大地水准面不太吻合，东部高程异常可达±68 m，西部新疆地区高程异常小，有的地方为 0；④点位精度不高。

2. 西安坐标系

为了更好地适应经济建设、国防建设和地球科学研究的需要，解决 1954 北京坐标系的问题，充分发挥我国原有天文大地网的潜在精度，我国于 20 世纪 70 年代末对原天文大地网重新进行平差。该坐标系选用 IUGG-75 地球椭球，大地原点选在陕西省泾阳县永乐

镇，这一点上椭球面与我国境内大地水准面相切，大地水准面垂线和该点参考椭球面法线重合。平差后其全国大地水准面与椭球面差距在±20 m 之内，边长精度为1/500 000。

3. 新 1954 北京坐标系

由于 1954 北京坐标系与 1980 西安坐标系的椭球参数和定位均不相同，因此大地控制点在两个坐标系中的坐标存在较大差异，差异甚至可达百米以上。这将导致测量成果换算不便、地形图图廓和方格网线位置产生变化等问题的出现。1954 北京坐标系已使用多年，全国测量成果很多，换算工作量相当繁重，于是为了过渡，建立了新 1954 北京坐标系。新 1954 坐标系将 1980 西安坐标系的三个定位参数平移至克拉索夫斯基椭球中心，长半径与扁率仍采用原来的克拉索夫斯基椭球的几何参数，而定位与 1980 大地坐标系相同（即大地原点相同），定向也与 1980 椭球相同。因此，新 1954 北京坐标系的精度与 1980 西安坐标系的精度相同，而坐标值与原来的 1954 北京坐标系的坐标值接近。

4. 国家大地坐标系统（CGCS 2000）

2000 国家大地坐标系的原点为包括海洋和大气的整个地球的质量中心。2000 国家大地坐标系的 Z 轴由原点指向历元 2000.0 的地球参考极的方向，该历元的指向由国际时间局给定的历元为 1984.0 的初始指向推算，定向的时间演化保证相对地壳不产生残余的全球旋转，Z 轴由原点指向格林尼治参考子午线与地球赤道面（历元 2000.0）的交点，Y 轴与 Z 轴、X 轴构成右手正交坐标系，采用广义相对论意义上的尺度。

2000 国家大地坐标系采用的地球椭球参数如下。

①长半轴：$a = 6\ 378\ 137$ m。

②扁率：$\alpha = 1/298.257\ 222\ 101$。

③地心引力常数：$G_M = 3.986\ 004\ 418 \times 10^{14}$ m³/s²。

④自转角速度：$\omega = 7.292\ 115 \times 10^{-5}$ rad/s。

CGCS 2000 是地心坐标系。我国北斗卫星导航定位系统采用的是 2000 国家大地坐标系统。

5. WGS-84 坐标系

在卫星大地测量中，需要建立一个以地球质心为坐标原点的大地坐标系，称为地心空间直角坐标系。

地心空间直角坐标系是在大地体内建立的坐标系 $OXYZ$，它的原点与地球质心重合，Z 轴与地球自转轴重合，X 轴与地球赤道面和起始子午面的交线重合，Y 轴与 XZ 平面正交，指向东方，X、Y、Z 构成右手坐标系。地心坐标系是唯一的，因此这一坐标系确定了地面点的"绝对坐标"，在卫星大地测量中获得广泛应用。

GPS 全球定位系统的 WGS-84 世界大地坐标系就是这种类型。该坐标系的几何定义为：坐标原点与地球质心重合，Z 轴指向国际时间局 BIH 1984.0 定义的协议地球极（CIO）方向，X 轴指向 BIH 1984.0 的零子午面和 CTP 赤道的交点，Y 轴与 Z 轴构成右手坐标系，其称为 1984 年世界大地坐标系统。

WGS-84 采用的椭球数据是国际大地测量与地球物理联合会（IUGG）1980 年第十七届大会大地测量常数的推荐值。

WGS-84 世界大地坐标系于 1985 年开始启用，GPS 卫星定位系统的广播星历和精密星历以及接收机的处理都采用 WGS-84 世界大地坐标系的地心坐标。

6. 假定平面直角坐标系

当测区面积较小（<100 km²）时，根据工程设计的要求，可以用测区中心点 C 的切平面来代替曲面。通过 C 点的子午线投影在切平面上，形成纵轴 X，纵轴向北为正值；过 C 点垂直于 X 轴方向形成横轴 Y，横轴向东为正，如图 1-10 所示。

为了使测区的纵、横坐标都为正值，将坐标原点移至测区西南角，形成测量平面直角坐标系 XOY。

高斯平面直角坐标系与笛卡儿平面坐标系有以下几点不同。

（1）高斯坐标系中纵坐标为 X，正向指北；横轴为 Y，正向指东。而笛卡儿坐标系中纵坐标是 Y，横坐标为 X。

（2）表示直线方向的方位角定义不同。高斯坐标系是以纵坐标 X 的北端起算，顺时针计算到直线的角度；而笛卡儿坐标是以横轴 X 东端起算，逆时针计算。

（3）坐标象限不同。高斯坐标以北东为第一象限，顺时针划分四个象限；笛卡儿坐标也是以北东为第一象限，逆时针划分四个象限，如图 1-11 所示。

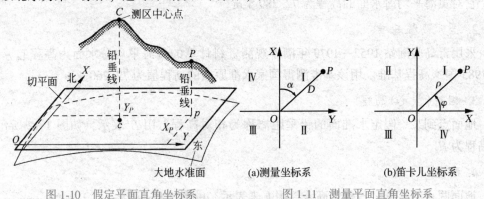

图 1-10 假定平面直角坐标系   图 1-11 测量平面直角坐标系

上述规定目的是定向方便，使数学中的公式能直接应用到测量计算中。

第六节 高程系统

高程系统指的是与确定高程有关的参考面及以其为基础的高程的定义。目前，常用的高程系统包括大地高、正常高和正高系统等。我国采用的法定高程系统是以大地水准面为基准面的正常高系统，在工程测量领域简称为以大地水准面为基准的高程系统。

💡 小 贴 士

　　大地水准面在海洋上被认为是平均海水面，可由海边验潮站进行长期观测确定，并在验潮标尺上标出这一位置作为海拔高程的起算点（零高程点）。利用精密水准测量方法测量地面某一固定点与起算点之间的高差，从而确定这个固定点的海拔高程，该固定点称为水准原点，作为全国水准测量的高程基准，并命名一个国家的高程系统，如图 1-12 所示。

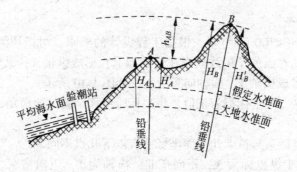

图 1-12　高程与高差的定义及其相互关系

1. 黄海高程系

采用青岛验潮站 1950—1956 年测定的黄海平均海水面作为全国统一的高程基准面，1957 年建成，称为 1956 黄海高程系。1956 黄海高程系的水准原点设在青岛市的观象山上，它对黄海平均海水面的高程为 72.289 4 m。

2. 国家高程基准

采用青岛验潮站 1952—1979 年潮汐观测资料计算的黄海平均海水面为高程起算面称为 1985 国家高程基准。用该基准测得国家水准原点的高程值为 72.260 4 m。

3. 相对(假定)高程

地面点到某一假定水准面的铅垂距离称为相对高程，用 H' 表示，如图 1-12 所示，A 点高程为 H'_A。

4. 高差

地面两点的高程之差称为高差，用 h 来表示。由图 1-12 可得

$$h_{AB} = H_B - H_A = H'_B - H'_A \tag{1-7}$$

由此可见，两点高差与高程起算面无关。

同理，有

$$h_{BA} = H_A - H_B = -h_{AB} \tag{1-8}$$

可见，AB 的高差 h_{AB} 和 BA 的高差 h_{BA} 绝对值相等，符号相反。

第七节　用水平面代替水准面的限度

在工程测量中，由于测区范围小，或者工程对测量精度要求较低，因此为了简化投影计算，常将椭球体面视为球面，甚至将一定范围的球面视为平面，直接将地面点沿铅垂线投影到平面上，进行几何计算或绘图。但是，这是有限度的，即要求将椭球体面作为平面所产生的误差不超过高精度测量的误差要求。本节将讨论水平面代替圆球面对距离、水平角和高程的影响。

一、地球曲率对水平距离的影响

如图 1-13 所示，AB 投影在大地水准面上弧形长度为 S，投影在水平面上直线长度为

D，两者之差 $\Delta S = D - S$，即用水平面代替水准面所引起的距离误差。将大地水准面近似地看成半径为 R 的球面，圆弧 S 所对圆心角为 θ，则有

$$\Delta S = D - S = -R \cdot (\tan \theta - \theta) \tag{1-9}$$

$\tan \theta = \theta + \dfrac{1}{3}\theta^3 + \dfrac{2}{15}\theta^5 + \cdots$，由于 θ 角很小，因此只取前两项代入式(1-9)，得

$$\Delta S = -R\left(\theta + \frac{1}{3}\theta^3 - \theta\right)$$

因为 $\theta = \dfrac{S}{R}$，所以有

$$\Delta S = \frac{S^3}{3R^2} \tag{1-10}$$

或

$$\frac{\Delta S}{S} = \frac{S^2}{3R^2} \tag{1-11}$$

式中 $\dfrac{\Delta S}{S}$ ——相对差数，用 $\dfrac{1}{M}$ 形式表示。

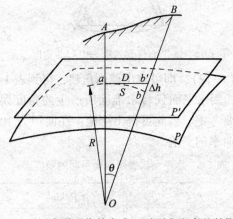

图 1-13 用水平面代替水准面对距离和高差的影响

地球半径 $R = 6\ 371\ \text{km}$，以不同距离代入式(1-10)和式(1-11)，得到表 1-2 中的数据。

表 1-2 用水平面代替水准面引起的距离误差

S/km	$\Delta S/\text{mm}$	$\Delta S/S$
5	1.0	1 : 4 900 000
10	8.2	1 : 1 220 000
20	65.7	1 : 300 000

由上述计算可知，当水平距离为 10 km 时，用水平面代替水准面所产生的距离相对误差为 1/1 220 000。现代最精密的距离测量允许误差为其长度的 1/1 000 000。因此可得结论：在半径为 10 km 的圆面积内进行距离测量时，可以不必考虑地球曲率的影响。

二、地球曲率对水平角的影响

地球上一个多边形投影在大地水准面上，得到一个球面多边形，如图 1-14 所示，其内角和为 $\sum \beta_{球}$；投影在水平面上，得到一个平面多边形，其内角和为 $\sum \beta_{平}$。由球面三角学可知

$$
\begin{cases}
\sum \beta_{球} = \sum \beta_{平} + \varepsilon'' \\
\varepsilon'' = \rho'' \cdot \dfrac{P}{R^2}
\end{cases}
\tag{1-12}
$$

式中　ε——球面角超；

P——球面多边形的面积；

R——地球半径；

ρ''——1 rad 的秒数，其值是 206 265″。

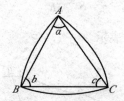

图 1-14　水平面代替水准面引起的角度误差

用不同的面积代入式(1-12)，即可求出球面角超，得到表 1-3 中数据。由上述计算可知，当面积为 100 km² 时，用水平面代替水准面所产生的角度误差为 0.51″，这种误差只有在精密工程测量中才需要考虑。因此可得出结论：在面积为 100 km² 的范围内水平角测量时，可以不必考虑地球曲率的影响。

表 1-3　水平面代替水准面引起的角度误差

P/km^2	$\varepsilon/('')$	P/km^2	$\varepsilon/('')$
50	0.25	200	1.02
100	0.51		

三、地球曲率对高程的影响

如图 1-13 所示，以水平面作为基准面，a 与 b' 同高；以大地水准面作为基准面，a 与 b 同高。两者之差 Δh 即为对高程的影响：

$$\Delta h = Ob' - Ob = R \cdot \sec \theta - R = R \cdot (\sec \theta - 1) \tag{1-13}$$

$\sec \theta = 1 + \dfrac{\theta^2}{2} + \dfrac{5}{24}\theta^4 + \cdots$，由于 θ 角度很小，取前两项代入式(1-13)得

$$\Delta h = R \cdot \left(1 + \frac{\theta^2}{2} - 1\right) = \frac{R \cdot \theta^2}{2} = \frac{(R\theta)^2}{2R} = \frac{S^2}{2R} \tag{1-14}$$

用不同的距离代入上式，计算出 Δh 列入表 1-4 中。

从表 1-4 中可以看出，用水平面代替水准面对高程的影响很大。当距离为 0.2 km 时，

$\Delta h = 3 \text{ mm}$，这种误差在高程测量中是不允许的。因此可得出结论：即使是在很短的距离上进行高程测量时，也必须要考虑地球曲率的影响。

表1-4 用平面代替水准面对高程的影响

S/km	$\Delta h/\text{mm}$	S/km	$\Delta h/\text{mm}$
10	7 848	0.5	20
5	1 962	0.2	3
1	78		

第八节 测绘地形图的程序和原则

进行测量工作，无论是测绘地形图还是施工放样，要在某一点上测绘该地区所有的地物和地貌或测绘建筑物的全部细节是不可能的。如图1-15所示，在A点只能测绘附近的房屋、道路等的平面位置和高程，无法观测到山的另一面或较远的地物，必须连续逐个设站，所以测量工作必须按照一定的原则进行。

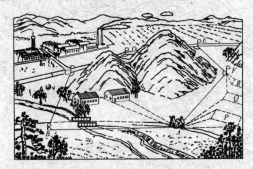

图1-15 某地区地物地貌透视图

一、地形与地形图

1. 地物、地貌和地形

地球表面各种物体种类繁多、地势起伏、形态各异，但总体上可分为地物和地貌两大类。地面上有明显轮廓的、天然形成或人工建造的各种固定物体，如江河、湖泊、道路、桥梁、房屋和农田等称为地物；地球表面的高低起伏状态，如高山、丘陵、平原、洼地、沟谷等称为地貌。地物和地貌总称为地形。

2. 地形图

将地面上地物和地貌的平面位置和高程沿铅垂线方向投影到水平面上，并按一定的比例尺，用《国家基本比例尺地形图图式 第1部分：1∶500 1∶1 000 1∶2 000 地形图图式》（GB/T 20257.1—2017）统一规定的符号和注记，将其缩绘在图纸上，这种表示地物平面位置和地貌起伏形态的图称为地形图。

二、测绘地形图的程序和测量工作的原则

测绘地形图的程序通常分为两步：第一步为控制测量，第二步为碎部测量，如图1-16所示。

首先，在整个测区内选择若干具有控制意义的点，称其为控制点，用较精密的仪器和较严密的方法测定各控制点间水平距 D、水平角 β 和高差 h，精确地计算各控制点的坐标和高程。这些测量工作称为控制测量。

其次，根据控制点，用较低精度的仪器和一般方法来测定碎部点，即地物、地貌特征点的坐标和高程。这些测量工作称为碎部测量。

最后，依据测图比例尺和图式符号，将碎部点描述的地物和地貌绘制成地形图，如图1-16所示。

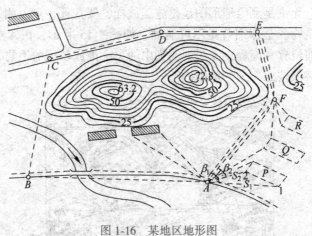

图1-16 某地区地形图

总之，在测量的布局上是"由整体到局部"，在测量次序上是"先控制后碎部"，在测量的精度上是"从高级到低级"，这是测量工作应遵循的一个基本原则。

小 贴 士

当控制测量有误差时，以其为基础的碎部测量也会有误差；当碎部测量有误差时，地形图也就有误差。因此，测量工作必须有严格的检核工作，故"步步有检核"是测量工作应遵循的又一个原则。

思 考 题

1. 工程测量在工程建设中有何作用？其主要任务是什么？

2. 简述高斯投影原理。

3. 测量上采用的平面直角坐标系有几种？各适用于什么场合？它们与数学平面直角坐标系有何异同？

4. 设某点的经度为东经 138°25′30″，试求它在 6°带的带号及中央子午线的经度。

5. 在高斯平面直角坐标系中，某点的坐标通用值为 $X = 3\ 236\ 108$ m，$Y = 20\ 443\ 897$ m，试求某点的坐标自然值。

6. 我国采用的法定高程系统有何特点？

7. 测量工作应遵循哪些原则？为什么？

8. 圆形的测区半径为 7 km，面积约 154 km²，在该测区内进行测量工作时用水平面来代替水准面，则 ΔS、$\Delta S/S$、ε''、Δh 对水平距离、水平角和高程的影响分别为多少？

第二章　距离测量与直线定向

学习目标

1. 了解钢尺量距的一般方法
2. 熟悉视距测量的观测与计算
3. 理解使用测距仪的注意事项
4. 掌握全站仪的主要性能指标
5. 掌握用罗盘仪测定磁方位角的方法

距离测量是测量的三项基本工作之一，其主要任务是测量地面两点之间的水平距离。水平距离是指地面上两点垂直投影在同一水平面上的直线距离，是确定地面点平面位置的要素之一。按照使用工具和量距方法的不同，距离测量的方法有钢尺量距、视距测量、电磁波测距和 GPS 测距等。

钢尺量距是用钢卷尺沿地面测量距离的方法。该方法适用于平坦地区的短距离量距，易受地形限制。

视距测量是利用经纬仪或水准仪望远镜中的视距丝装置按几何光学原理测距的方法。该方法适用于低精度的短距离量距。

电磁波测距是用仪器接收并发射电磁波，通过测量电磁波在待测距离上往返传播的时间计算出距离的方法。该方法精度高、测程远，适用于高精度的远距离量距。

小 贴 士

GPS 测距是利用两台 GPS 接收机接收空间轨道上四颗以上 GPS 卫星发射的载波信号，通过一定的测量和计算方法，求出两台 GPS 接收机天线相位中心的距离的方法。

直线定向是确定两点间相对位置关系的必要环节，在此一并介绍。

第一节 钢尺量距

一、量距工具

1. 钢尺

钢尺是用薄钢片制成的带状尺，可卷入金属圆盒内，故又称钢卷尺，如图 2-1 所示。尺宽 10~15 mm，长度有 20 m、30 m 和 50 m 等几种。钢尺最小刻划至毫米(少数钢尺只在起点 10 cm 内有毫米分划)，在每厘米、分米和米分划处注有数字。根据尺的零点位置不同，有端点尺和刻线尺之分，如图 2-2 所示，使用时要注意区分。

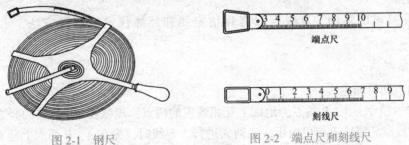

端点尺

刻线尺

图 2-1　钢尺　　　　图 2-2　端点尺和刻线尺

钢尺抗拉强度高，不易拉伸，所以量距精度较高，在工程测量中常用钢尺量距。钢尺性脆，易折断、易生锈，使用时要避免扭折、防止受潮。

2. 标杆

标杆多用木料或铝合金制成，直径约 3 cm，全长有 2 m、2.5 m 及 3 m 等几种规格。杆上油漆呈红白相间的 20 cm 色段，非常醒目，标杆下端装有尖头铁脚，如图 2-3 所示，便于插入地面，作为照准标志。

3. 测钎

测钎一般用钢筋制成，上部弯成小圆环，下部磨尖，直径 3~6 mm，长度 30~40 cm。钎上可用油漆涂成红白相间的色段，穿在圆环中，如图 2-4 所示。量距时，将测钎插入地面，用以标定尺的端点位置和计算整尺段数，亦可作为照准标志。

4. 垂球、弹簧秤和温度计等

垂球用金属制成，上大下尖呈圆锥形，上端中心系一细绳，如图 2-5 所示，悬吊后，要求垂球尖与细绳在同一铅垂线上。它常用于在斜坡上测量水平距离。

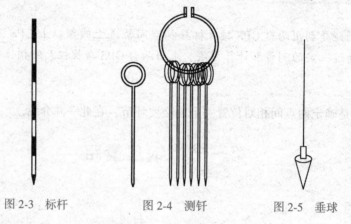

图 2-3 标杆　　　　图 2-4 测钎　　　　图 2-5 垂球

在精密量距中使用的工具还有弹簧秤和温度计等。

二、直线定线

当地面上两点间的距离超过尺子的全长，或地势起伏较大、一尺段无法完成测量工作时，量距前必须在通过直线两端点的竖直面内定出若干分段点，以便分段测量，这项工作称为直线定线。

按精度要求的不同，直线定线有目估定线和经纬仪定线两种方法，下面分别进行介绍。

1. 目估定线

(1)两点间目测定线。

如图 2-6 所示，A、B 两点为地面上互相通视的两点，现欲在过 AB 线的竖直面内定出 C、D 等分段点。定线工作可由甲、乙两人进行。定线时，先在 A、B 两点上竖立标杆，然后甲立于 A 点标杆后面 1~2 m 处，用眼睛自 A 点标杆后面瞄准 B 点标杆。乙持另一标杆沿 BA 方向走到离 B 点大约一尺段长的 C 点附近，按照甲指挥手势左右移动标杆，直到标杆位于直线上为止，插下标杆(或测钎)，得 C 点；乙再带着标杆走到 D 点处，以同样的方法在 AB 直线上竖立标杆(或测钎)，定出 D 点，以此类推。这种从直线远端 B 走向近端

A 的定线方法称为走近定线，反之称为走远定线。走近定线法比走远定线法更为准确。在平坦地区一般量距中，直线定线工作常与量距工作同时进行，即边定线边测量。

图 2-6　目估定线

（2）过高地定线。

如图 2-7 所示，当 A、B 两端点互不通视，或两端点虽互相通视却不易到达时，可采用如下逐步接近的办法。

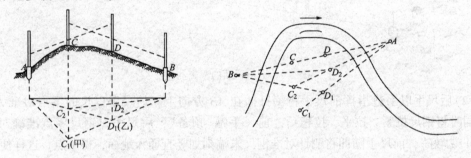

图 2-7　过高地定线

先在 A、B 两点上竖立标杆，标定端点位置，然后甲在能看到 B 点的 C_1 处立一标杆，并指挥乙立标杆于能看到 A 目标的 C_1B 方向线上的 D_1 点处。再由乙指挥甲把 C_1 处标杆移动到 D_1A 方向上的 C_2 处。以同样的方法继续下去，逐渐趋近，直至 CDB 在同一直线上，同时 DCA 也在同一直线上，这样 C、D 两点就位于 AB 方向线上，定线完毕。

2. 经纬仪定线

当直线定线精度要求较高时，可用经纬仪定线。如图 2-8 所示，欲在 AB 线内精确定出 1、2 等分段点的位置，可由甲将经纬仪置于 A 点，用望远镜瞄准 B 点，固定照准部制动螺旋，然后将望远镜向下俯视，用手势指挥乙移动标杆，当标杆与十字丝纵丝重合时，便在标杆的位置打下木桩，再根据十字丝纵丝在木桩上钉小钉，准确定出 1 点的位置。以此类推，确定其他各分段点。

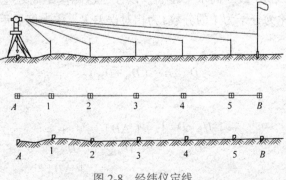

图 2-8　经纬仪定线

三、钢尺量距的一般方法

1. 平坦地面的距离测量

平坦地面的距离测量为量距的基本方法。测量前，先将待测距离的两个端点用木桩（桩顶钉一小钉）标志出来，清除直线上的障碍物后，一般由两人在两点间边定线边测量，具体做法如下。

（1）如图 2-9 所示，量距时，先在 A、B 两点上竖立标杆（或测钎），标定直线方向，然后，后尺手持钢尺的零端位于 A 点的后面，前尺手持尺的末端并携带一束测钎，沿 AB 方向前进，至一尺段处时停止。

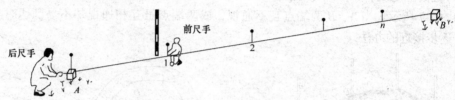

图 2-9　平坦地面的距离测量

（2）后尺手以手势指挥前尺手将测钎插在 AB 方向上，后尺手以尺的零点对准 A 点，两人同时将钢尺拉紧、拉平、拉稳后，前尺手喊"预备"，后尺手将钢尺零点准确对准 A 点，并喊"好"，前尺手随即将测钎对准钢尺末端刻划竖直插入地面，得 1 点。这样便完成了第一尺段 A-1 的测量工作。

（3）接着后尺手与前尺手共同持尺前进，后尺手走到 1 点时，即喊"停"。再用同样方法量出第二尺段 1-2 的测量工作。然后后尺手拔起 1 点上的测钎，与前尺手共同持尺前进，测量第三段。如此继续测量下去，直到最后不足一整尺段 n-B 时，后尺手将钢尺零点对准 n 点测钎，由前尺手读 B 端点余尺读数，此读数即零尺段长度。这样就完成了由 A 点到 B 点的往测工作，从而得到直线 AB 水平距离的往测结果为

$$D_{往} = nl + l' \tag{2-1}$$

式中　n——整尺段数（即 A、B 两点之间所拔测钎数）；

　　　l——钢尺长度；

　　　l'——不足一整尺的零尺段长度。

为了校核和提高精度，一般还应由 B 点量至 A 点进行返测。最后，以往、返两次测量结果的平均值作为直线 AB 最终的水平距离。以往、返测量距离之差的绝对值 ΔD 与距离平均值 D 之比（需并化为分子为 1 的分数）为相对误差 K，作为衡量距离测量的精度。即直线 AB 的水平距离为

$$D_{平均} = \frac{1}{2}(D_{往} + D_{返}) \tag{2-2}$$

相对误差为

$$K = \frac{|D_{往} - D_{返}|}{D_{平均}} = \frac{|\Delta D|}{D_{平均}} = \frac{1}{\dfrac{D_{平均}}{|\Delta D|}} \tag{2-3}$$

例如，用 30 m 长的钢尺往返测量 A、B 两点间的水平距离，测量结果分别为：往测 4 个整尺段，零尺段长度为 9.98 m；返测 4 个整尺段，零尺段长度为 10.02 m。试校核测量精度，并求出 A、B 两点间的水平距离，即

$$D_{往} = nl + l' = 4 \times 30 + 9.98 = 129.98\,(\mathrm{m})$$

$$D_{返} = nl + l' = 4 \times 30 + 10.02 = 130.02\,(\mathrm{m})$$

AB 水平距离为

$$D_{平均} = \frac{1}{2}(D_{往} + D_{返}) = \frac{1}{2}(129.98 + 130.02) = 130.00\,(\mathrm{m})$$

相对误差为

$$K = \frac{|D_{往} - D_{返}|}{D_{平均}} = \frac{|129.98 - 130.02|}{130.00} = \frac{0.04}{130.00} = \frac{1}{3\,250}$$

相对误差分母越大，则 K 值越小，精度越高；反之，精度越低。量距精度取决于使用要求和地面起伏情况。在平坦地区，钢尺量距一般方法的相对误差一般不应大于1/3 000；在量距较困难的地区，其相对误差也不应大于1/1 000。

2. 倾斜地面的距离测量

（1）平量法。

如图 2-10 所示，当地面倾斜或高低起伏较大时，可沿斜坡由高向低分小段拉平钢尺进行测量，各小段测量结果的总和即为直线 AB 的水平距离。测量时，后尺手将尺的零点对准地面 A 点，并指挥前尺手将钢尺拉在 AB 直线方向上，同时前尺手抬高尺子的一端，并目估使尺水平，将垂球绳紧靠钢尺上的某一分划，用垂球尖投影于地面上，再插以测钎，得 1 点。此时钢尺上分划读数即为 A、1 两点间的水平距离。同理继续测量其余各尺段。当测量至 B 点时，应注意垂球尖必须对准 B 点。为了方便，返测也应由高向低测量。若精度符合要求，则取往返测的平均值作为最后结果。

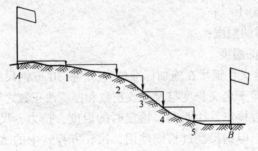

图 2-10　平量法

（2）斜量法。

如图 2-11 所示，当倾斜地面的坡度比较均匀或坡度较大时，可以沿斜坡测量出 A、B 两点间的斜距 L，用经纬仪测出直线 AB 的倾斜角 α 或 A、B 两点的高差 h，用下式计算直线 AB 的水平距离：

$$D = L\cos\alpha \tag{2-4}$$

$$D = \sqrt{L^2 - h^2} \tag{2-5}$$

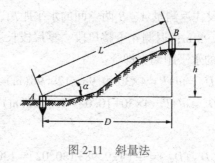

图 2-11 斜量法

四、钢尺量距的精密方法

钢尺量距的一般方法精度不高，相对误差一般只能达到 1/2 000～1/5 000。但在实际测量工作中，有时量距精度要求很高，如在建筑工地测设建筑方格网的主轴线，量距精度要求在 1/10 000 以上，甚至要求更高。这时若用钢尺量距，应采用钢尺量距的精密方法。

1. 钢尺检定

(1) 尺长方程式。

由于钢尺材料的质量及刻划误差、长期使用的变形以及测量时温度和拉力的影响，其实际长度往往不等于其名义长度（即钢尺上所标注的长度），因此量距前应对钢尺进行检定。

尺长方程式反映了钢尺实际长度与名义长度的关系，其一般形式为

$$l_t = l_0 + \Delta l + \alpha (t - t_0) l_0 \tag{2-6}$$

式中　l_t——钢尺在温度为 t_0 时的实际长度；

　　　　l_0——钢尺的名义长度；

　　　　Δl——尺长改正数，即钢尺在温度 t_0 时的改正数（即实际长度与名义长度之差）；

　　　　α——钢尺的膨胀系数，一般钢尺当温度变化 1 ℃时 1 m 钢尺的长度变化值为 $1.15 \times 10^{-5} \sim 1.25 \times 10^{-5}$ m；

　　　　t_0——钢尺检定时的温度；

　　　　t——钢尺使用时的温度。

式（2-6）所表示的含义：钢尺在施加标准拉力（一般 30 m 钢尺为 100 N，50 m 钢尺为 150 N）下，其实际长度等于名义长度与尺长改正数和温度改正数之和。

钢尺出厂时必须经过检定，注明钢尺检定时的温度、拉力、尺长，以及钢尺的编号、名义长度和尺膨胀系数。但钢尺经过长期使用，尺长方程式中的 Δl 会发生变化，故钢尺使用一段时间后必须重新检定，以求得新的尺长方程式。

(2) 钢尺的检定方法。

钢尺的检定方法有与标准尺比长和在已知长度的两固定点间量距两种方法。下面介绍与标准尺比长的方法。

小 贴 士

以检定过的已有尺长方程式的钢尺作为标准尺，将标准尺与被检定钢尺并排放在地面上，在每根钢尺的起始端施加标准拉力，并将两把尺子的末端刻划对齐，在零分划附近读出两尺的差数，这样就能够根据标准尺的尺长方程式计算出被检定钢尺的尺长方程式。这里认为两根钢尺的膨胀系数相同。检定宜选在阴天或背阴的地方进行，保证温度变化不大。

例如，设 I 号标准尺的尺长方程式为

$$l_{t\,I} = 30 \text{ m} + 0.004 \text{ m} + 1.20 \times 10^{-5} \times 30(t - 20 \text{ ℃}) \text{ m}$$

被检定的 II 号钢尺的名义长度也是 30 m。比较时的温度为 24 ℃，当两把尺子的末端刻划对齐并施加标准拉力后，II 号钢尺比 I 号标准尺短 0.007 m，根据比较结果可以得出

$$l_{t\,II} = l_{t\,I} - 0.007 \text{ m}$$
$$= 30 \text{ m} + 0.004 \text{ m} + 1.20 \times 10^{-5} \times 30(24 \text{ ℃} - 20 \text{ ℃}) \text{ m} - 0.007 \text{ m}$$
$$= 30 \text{ m} - 0.002 \text{ m}$$

故 II 号钢尺的尺长方程式为

$$l_{t\,II} = 30 \text{ m} - 0.002 \text{ m} + 1.20 \times 10^{-5} \times 30(t - 24 \text{ ℃}) \text{ m}$$

由于无须考虑尺长改正数 Δl 因温度升高而引起的变化，因此如将 II 号钢尺的尺长方程式中的检定温度换算为以 20 ℃ 为准，则

$$l_{t\,II} = l_{t\,I} - 0.007 \text{ m}$$
$$= 30 \text{ m} + 0.004 \text{ m} + 1.20 \times 10^{-5} \times 30(t - 20 \text{ ℃}) \text{ m} - 0.007 \text{ m}$$
$$= 30 \text{ m} - 0.003 \text{ m} + 1.20 \times 10^{-5} \times 30(t - 20 \text{ ℃}) \text{ m}$$

2. 钢尺量距的精密方法

(1)准备工作。

①清理场地：在欲测量的两点方向线上，首先要清除影响测量的障碍物，如杂物、树丛等，必要时要适当平整场地，使钢尺不致因地面障碍物而产生弯曲。

②直线定线：精密量距用经纬仪定线。如图 2-8 所示，安置经纬仪于 A 点，照准 B 点，固定照准部，沿 AB 方向用钢尺进行概量，按稍短于一尺段长的位置，由经纬仪指挥打下木桩，桩顶高出地面 10~20 cm，并在桩顶钉一小钉，使小钉在 AB 直线上；或在木桩顶上包一铁皮(也可用铝片)，并用小刀在铁皮上刻划十字线，使十字线交点在 AB 直线上；小钉或十字线交点即为测量时的标志。

③测桩顶间高差：利用水准仪，用双面尺法或往、返测法测出各相邻桩顶间高差。所测相邻桩顶间高差之差，对于一级小三角起始边不得大于 5 mm，对于二级小三角起始边不得大于 10 mm，在限差内其平均值作为相邻桩顶间的高差，以便将沿桩顶测量的倾斜距离化算成水平距离。

(2)测量方法。

人员组成：两人拉尺，两人读数，一人测温度兼记录，共 5 人。

如图 2-12 所示，测量时，后尺手挂弹簧秤于钢尺的零端，前尺手执钢尺的末端，两人同时拉紧钢尺，把钢尺有刻划的一侧贴于木桩顶十字线的交点，待弹簧秤指示为钢尺检

定时的标准拉力左右时，由后尺手发出"预备"口令，两人拉稳钢尺，由前尺手喊"好"。在此瞬间，后尺手将弹簧秤指示准确调整为标准拉力，前、后读尺员同时读取读数，估读至 0.5 mm，记录员依次记入手簿，并计算尺段长度，见表 2-1。

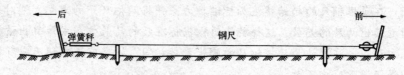

图 2-12　钢尺精密量距

表 2-1　精密量距记录计算表

钢尺号码：No 12　　　　　　钢尺膨胀系数：0.000 012　　　　钢尺检定时温度 t_0：20 ℃
钢尺名义长度 l_0：30 m　　　钢尺检定长度 l'：30.005 m　　　钢尺检定时拉力：100 N

尺段编号	实测次数	前尺读数/m	后尺读数/m	尺段长度/m	温度/℃	高差/m	温度改正数/mm	倾斜改正数/mm	尺长改正数/mm	改正后尺段长/m
A-1	1	29.435 0	0.041 0	29.394 0						
	2	510	580	930	+25.5	+0.36	+1.9	-2.2	+4.9	29.397 6
	3	025	105	920						
	平均			29.393 0						
1-2	1	29.936 0	0.070 0	29.866 0						
	2	400	755	645	+26.0	+0.25	+2.2	-1.0	+5.0	29.871 4
	3	500	850	650						
	平均			29.865 2						
2-3	1	29.923 0	0.017 5	29.905 5						
	2	300	250	50	+26.5	-0.66	+2.3	-7.3	+5.0	29.905 7
	3	380	315	65						
	平均			299 057						
3-4	1	29.925 3	0.018 5	29.905 0						
	2	305	255	050	+27.0	-0.54	+2.5	-4.9	+5.0	29.908 3
	3	380	310	070						
	平均			29.905 7						
4-B	1	15.975 5	0.076 5	15.899 0						
	2	540	555	985	+27.5	+0.42	+1.4	-5.5	+2.6	15.897 5
	3	805	810	995						
	平均			15.899 0						
总　和				134.968 6			+10.3	-20.9	+22.5	134.980 5

前、后移动钢尺一段距离，使用同样的方法再次测量。每一尺段测三次，读三组读数，由三组读数算得的长度之差要求不超过 2 mm，否则应重测。如在限差之内，则取三次结果的平均值，作为该尺段的观测结果。同时，每一尺段测量应记录温度一次，估读至

0.5 ℃。如此继续测量至终点，即完成往测工作。完成往测后，应立即进行返测。为了校核，并使所量水平距离达到规定的精度要求，甚至可以往返若干次。

（3）成果计算。

将每一尺段测量结果经过尺长改正、温度改正和倾斜改正换算成水平距离，并求总和，得到直线往、返测的全长。往、返测较差符合精度要求后，取往、返测结果的平均值作为最后成果。

①尺段长度计算。

a. 尺长改正，即

$$\Delta l_d = \frac{\Delta l}{l_0} l \tag{2-7}$$

式中 Δl_d——尺段的尺长改正数；

l——尺段的观测结果。

例如，表2-1中的 $A-1$ 尺段，$l=29.393\ 0$ m，$\Delta l=+0.005$ m，$l_0=30$ m，故 $A-1$ 尺段的尺长改正数为

$$\Delta l_d = \frac{+0.005}{30} \times 29.393\ 0 = +0.004\ 9\ (\text{m})$$

b. 温度改正，即

$$\Delta l_t = \alpha(t-t_0)l \tag{2-8}$$

例如，表2-1中的 $A-1$ 尺段，$l=29.393\ 0$ m，$\alpha=1.20\times10^{-5}$，$t=25.5$ ℃，$t_0=20$ ℃，故 $A-1$ 尺段的温度改正数为

$$\Delta l_t = 1.20\times10^{-5}\times(25.5-20)\times29.393\ 0 = 0.001\ 9\ (\text{m})$$

c. 倾斜改正。如图2-13所示，l 为量得的倾斜距离；h 为尺段两端点间的高差；d 为水平距离；Δl_h 为倾斜改正数。

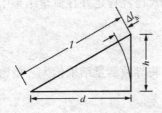

图 2-13 倾斜改正

由图2-13中可知

$$\Delta l_h = d-l = (l^2-h^2)^{\frac{1}{2}} - l = l\left[\left(1-\frac{h^2}{l^2}\right)^{\frac{1}{2}} - 1\right]$$

将 $\left(1-\dfrac{h^2}{l^2}\right)^{\frac{1}{2}}$ 用级数展开并代入上式，则

$$\Delta l_h = l\left[\left(1-\frac{h^2}{2l^2}-\frac{h^4}{8l^4}-\cdots\right) - 1\right] = -\frac{h^2}{2l} - \frac{h^4}{8l^3} \tag{2-9}$$

当高差 h 不大时，只可取式（2-9）的第一项。由式（2-9）可见倾斜改正数恒为负值。

例如，表2-1中的 $A-1$ 尺段，$l=29.393\ 0$ m，$h=0.36$ m，故 $A-1$ 尺段的倾斜改正数为

$$\Delta l_\mathrm{h} = -\frac{0.36^2}{2 \times 29.393\,0} = -0.002\,2 \text{（m）}$$

d. 改正后的水平距离。综上所述，改正后的水平距离为

$$d = l + \Delta l_\mathrm{d} + \Delta l_t + \Delta l_\mathrm{h} \qquad (2\text{-}10)$$

例如，表 2-1 中的 $A-1$ 尺段，$l = 29.393\,0$ m，$\Delta l_\mathrm{d} = +0.004\,9$ m，$\Delta l_t = +0.001\,9$ m，$\Delta l_\mathrm{h} = -0.002\,2$ m，故 $A-1$ 尺段的水平距离为

$$d = 29.393\,0 + 0.004\,9 + 0.001\,9 - 0.002\,2 = 29.397\,6 \text{（m）}$$

②计算全长。将各个尺段改正后的水平距离相加，便得到直线的全长。如表 2-1 中往测的总长为

$$D_{往} = 134.980\,5 \text{ m}$$

同样，按返测记录，计算出返测的直线总长为

$$D_{返} = 134.986\,8 \text{ m}$$

取平均值

$$D_{平均} = 134.983\,7 \text{ m}$$

其相对误差为

$$K = \frac{|\,D_{往} - D_{返}\,|}{D_{平均}} = \frac{0.006\,3}{134.983\,7} \approx \frac{1}{21\,000}$$

相对误差如果在限差以内，则取其平均值作为最后成果；若相对误差超限，则应返工重测。

五、钢尺量距的误差及注意事项

1. 尺长误差

钢尺的名义长度与实际长度不符，即会产生尺长误差。尺长误差具有积累性，其与所量距离成正比。精密量距时，钢尺已经检定并在测量结果中进行了尺长改正，其误差可忽略不计。

2. 定线误差

测量时钢尺偏离定线方向，将导致测量结果偏大。精密量距时用经纬仪定线，其误差可忽略不计。

3. 温度改正

钢尺的长度随温度变化，测量时温度与标准温度不一致，或测定的空气温度与钢尺温度相差较大，都会产生温度误差。所以，精度要求较高的测量应进行温度改正，并尽可能用点温计测定尺温，或尽可能在阴天进行，以减小空气温度与钢尺温度的差值。

4. 拉力误差

钢尺有弹性，受拉会伸长。一般量距时，保持将钢尺拉平、拉稳、拉直即可；精密量距时，必须使用弹簧秤，以控制测量时的拉力与检定时的拉力相同，将误差减小到可忽略不计。

5. 尺垂曲与不水平误差

钢尺悬空测量时中间下垂，称为垂曲。故在钢尺检定时，按悬空与水平两种情况分别检定，得出相应的尺长方程式。按实际情况使用相应的尺长方程式进行成果整理，这项误差可以忽略不计。

钢尺不水平的误差可采用加倾斜改正的方法减小至可忽略不计。

6. 测量误差

钢尺端点对不准、测钎插不准、尺子读数不准等引起的误差都属于测量误差，这种误差因人的感官能力有限而产生，也是误差的一项主要来源。所以在量距时应尽量认真操作，提高操作熟练程度，以减小量距误差。

第二节　视距测量

视距测量是利用望远镜中的视距丝装置，根据几何光学原理同时测定水平距离和高差的一种方法。虽然测距精度仅能达到 1/200～1/300，但由于具有操作简便、不受地形限制等优点，因此被广泛应用于对量距精度要求不高的碎部测量中。

一、视距测量的计算公式

1. 水平距离计算公式

如图 2-14 所示，水平距离计算公式为

$$D = Kl\cos^2\alpha \tag{2-11}$$

式中　K——视距乘常数，其值一般为 100；

l——尺间隔，上、下丝读数之差，m；

α——竖直角。

显然，当视线水平时，竖直角为零，即

$$D = Kl \tag{2-12}$$

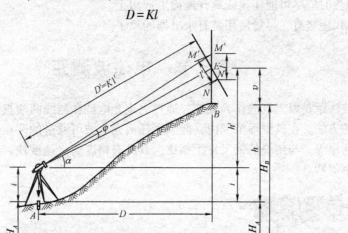

图 2-14　视距测量

2. 高差计算公式

如图 2-14 所示，高差计算公式为

$$h = \frac{1}{2}Kl\sin 2\alpha + i - v \qquad\qquad (2\text{-}13)$$

式中　i——仪器高，m；

　　　v——十字丝中丝在视距尺（或水准尺）上的读数，m。

显然，当视线水平时，竖直角为零，即

$$h = i - v \qquad\qquad (2\text{-}14)$$

二、视距测量的观测与计算

如图 2-14 所示，欲求 A、B 两点之间的水平距离和高程，需观测四个量 i、v、l、α，然后代入公式计算，并记录结果。

（1）将经纬仪安置于 A 点，量取仪器高 i，在 B 点竖立视距尺。

（2）盘左位置，转动照准部精确瞄准 B 点视距尺，分别读取上、中、下丝在视距尺上的读数 M、v、N，算出尺间隔 $l = M - N$。在实际操作中，为方便高差计算，可使中丝对准尺上仪器高（先做好标记）读数，即 $v = i$；还可以微动望远镜，将中丝对准拟读的读数 v 附近，使上丝或下丝正好在视距尺某整刻度线上，从而直接读出尺间隔 l。但应注意，读完后，将中丝对准拟读的读数 v 处。

（3）转动竖盘指标水准管微动螺旋，使竖盘指标水准管气泡居中，读取竖盘读数，计算竖直角 α。

（4）根据 i、v、l、α，用计算器计算或查视距计算表，并记录计算结果。

三、视距测量的注意事项

（1）作业前，应检验校正仪器，严格测定视距乘常数，应校正竖盘指标差不超过 $\pm 1'$。

（2）读数时注意消除视差，控制视距不要超过规范要求。

（3）观测时应尽可能使视线离开地面 1 m 以上。

（4）标尺应竖直，尽量使用装有水准器的尺子。

第三节　电磁波测距

电磁波测距是以光电波作为载波，通过测定光电波在测线两端点间往返传播的时间来测量距离的方法。在其测程范围内，能测量任何光电波可通过的两点间的距离，如高山之间、大河两岸等。与传统的钢尺量距相比，其具有精度高、速度快、灵活方便、受气候和地形影响小等特点。

> **小贴士**
>
> 测距仪按其测程可分为短程测距仪（2 km 以内）、中程测距仪（3～15 km）和远程测距仪（大于 15 km）；按其采用的光源可分为激光测距仪和红外测距仪等。本节以普通测量工作中广泛应用的短程测距仪为例，介绍测距仪的工作原理和测距方法。

一、测距原理

如图 2-15 所示，欲测定 A、B 两点间的距离 D，可在 A 点安置能发射和接收光波的光电测距仪，在 B 点设置反射棱镜，光电测距仪发出的光束经棱镜反射后，又返回到测距仪。通过测定光波在待测距离两端点间往返传播一次的时间 t，根据光波在大气中的传播速度 C，按下式计算距离 D：

$$D = \frac{1}{2}Ct \tag{2-15}$$

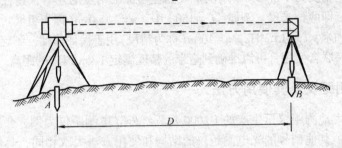

图 2-15　光电测距原理

光电测距仪根据测定时间 t 的方式，分为直接测定时间的脉冲测距法和间接测定时间的相位测距法。由于脉冲宽度和电子计数器时间分辨率的限制，因此脉冲式测距仪测距精度较低。高精度的测距仪一般采用相位式。

相位测距法的基本工作过程是：给光源（如砷化镓发光二极管）注入频率为 f 的高频交变电流，使光源发出的光成为按同样频率变化的调制光，这种光射向测线另一端的反光镜，经反射后被接收器接收；然后由相位计将发射信号与接收信号相比较，获得调制光在测线上往返传播引起的相位差 φ，从而间接测算出传播时间 t，再算出距离。

为方便说明，将调制光的往程和返程展开，则为图 2-16 所示的波形。

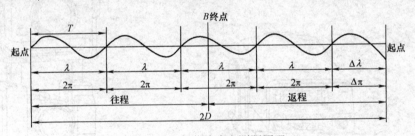

图 2-16　相位式光电测距原理

由物理学可知，调制光在传播过程中产生的相位差 φ 等于调制光的角频率 ω 乘传播时间 t，即 $\varphi = \omega t$。又因 $\omega = 2\pi f$，则传播时间为

$$t = \frac{\varphi}{\omega} = \frac{\varphi}{2\pi f}$$

由图 2-16 还可以看出

$$\varphi = N \cdot 2\pi + \Delta\varphi = 2\pi(N + \Delta N)$$

式中　N——零或正整数，表示相位差中的整周期数；

　　　$\Delta N = \Delta\varphi/2\pi$——不足整周期的相位差尾数。

将以上各式整理得

$$D = \mu(N + \Delta N) \tag{2-16}$$

式(2-16)为相位法测距基本公式。将此式与钢尺量距公式(2-1)比较，若把 μ 当作整尺长，则 N 为整尺数，$\mu \cdot \Delta N$ 为余长，所以相位法测距相当于用光尺代替钢尺量距，而 μ 为光尺长度。

相位式测距仪中，相位计只能测出相位差的尾数 ΔN，测不出整周期数 N，因此无法测定大于光尺的距离。为了扩大测程，应选择较长的光尺。但仪器存在测相误差，一般为 1/1 000，测相误差带来的测距误差与光尺长度成正比，光尺越长，测距精度越低，例如：1 000 m 的光尺，其测距精度为 1 m。为了解决扩大测程与保证精度的矛盾，短程测距仪上一般采用两个调制频率，即两种光尺。例如：$f_1 = 150$ kHz，$u = 1$ 000 m（称为粗尺），用于扩大测程，测定百米、十米和米；$f_2 = 15$ MHz，$u = 10$ m（称为精尺）用于保证精度，测定米、分米、厘米和毫米。这两种尺联合使用，可以准确到毫米的精度测定 1 km 以内的距离。

二、红外测距仪及其使用方法

下面以常州大地测距仪厂生产的 D2000 短程红外光电测距仪为例，介绍光电测距仪的结构和使用方法。其他型号的光电测距仪的结构和使用方法大致相同，具体可参见各仪器的使用说明书。

1. 仪器结构

D2000 短程红外光电测距仪如图 2-17 所示。主机通过连接器安置在经纬仪上部，如图 2-18 所示。经纬仪可以是普通光学经纬仪，也可以是电子经纬仪。利用光轴调节螺旋，可使主机的发射-接收器光轴与经纬仪视准轴位于同一竖直面内。另外，测距仪横轴到经纬仪横轴的高度与觇牌中心到反射棱镜的高度一致，从而使经纬仪瞄准觇牌中心的视线与测距仪瞄准反射棱镜中心的视线保持平行，如图 2-19 所示。

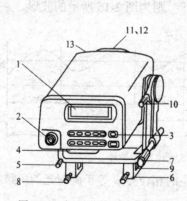

图 2-17 短程红外光电测距仪

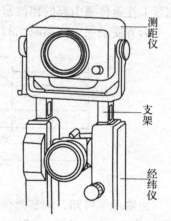

图 2-18 测距仪与经纬仪的连接

1—显示器；2—望远镜目镜；3—键盘；4—电池；5—水平方向调节螺旋；6—座架；7—垂直微动螺旋；8—座架固定螺旋；9—间距调整螺旋；10—垂直制动螺旋；11—物镜；12—物镜罩；13—RS-232 接口

配合主机测距的反射棱镜如图 2-20 所示，根据距离远近，可选用单棱镜（1 500 m 内）或三棱镜（2 500 m 内），棱镜安置在三脚架上，根据光学对中器和长水准管进行对中整平。

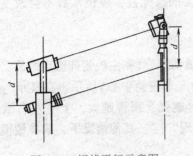

图 2-19　视线平行示意图

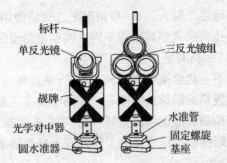

图 2-20　反射棱镜与觇牌

2. 仪器主要技术指标及功能

D2000 短程红外光电测距仪的最大测程为 2 500 m，测距精度可达±(3 mm+2×10⁻⁶×D) (其中 D 为所测距离)；最小读数为 1 mm；仪器设有自动光强调节装置，在复杂环境下测量时也可人工调节光强；可输入温度、气压和棱镜常数自动对结果进行改正；可输入竖直角自动计算出水平距离和高差；可通过距离预置进行定线放样；若输入测站坐标和高程，可自动计算观测点的坐标和高程。测距方式有正常测量和跟踪测量，其中正常测量所需时间为 3 s，还能显示数次测量的平均值；跟踪测量所需时间为 0.8 s，每隔一定时间间隔自动重复测距。

3. 仪器操作与使用

（1）安置仪器。

先在测站上安置好经纬仪（应事先做好连接测距仪的准备），对中整平；再将测距仪主机安装在经纬仪支架上，用连接器固定螺丝锁紧，将电池插入主机底部、扣紧；在目标点安置反射棱镜，对中、整平，并使镜面朝向主机。

（2）观测竖直角、气温和气压。

用经纬仪十字横丝照准觇牌中心，如图 2-21 所示，读竖盘读数后求出竖直角同时，观测、记录温度和气压计上的读数。观测竖直角、气温和气压，目的是对测距仪测量出的斜距进行倾斜改正、温度改正和气压改正，以得到正确的水平距离。

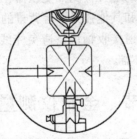

图 2-21　经纬仪瞄准觇牌中心

（3）测距准备。

按电源开关键"PWR"开机，主机自检并显示原设定的温度、气压和棱镜常数值，自检通过后将显示"good"。

若修正原设定值，可按"TPC"键后输入温度、气压值或棱镜常数（一般通过"ENT"键

和数字键逐个输入)。一般情况下，只要使用同一类的反光镜，棱镜常数不会改变，而温度、气压每次观测均可能不同，需要重新设定。

(4)距离测量。

调节主机照准轴水平调整手轮(或经纬仪水平微动螺旋)和主机俯仰微动螺旋，使测距仪望远镜精确瞄准棱镜中心，如图 2-22（三棱镜为三个棱镜中心）所示。在显示"good"状态下，精确瞄准也可根据蜂鸣器声音来判断，信号越强，声音越大，上下左右微动测距仪，使蜂鸣器的声音最大，便完成了精确瞄准，出现"＊"。其他情况下，瞄准棱镜光强正常则显示"＊"。

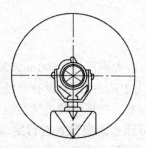

图 2-22　测距仪瞄准棱镜

精确瞄准后，按"MSR"键，主机将测定并显示经温度、气压和棱镜常数改正后的斜距。在测量中，若出现光束受挡或大气抖动等，测量将暂时被中断，待光强正常后继续自动测量；若光束中断 30 s，则光强恢复后，须再按"MSR"键重测。

斜距到平距的改算一般在现场用测距仪进行，方法是：按"V/H"键后输入竖直角值，再按"SHV"键显示水平距离。连续按"SHV"键可依次显示斜距、平距和高差。

D2000 测距仪的其他功能、按键操作及使用注意事项详见有关使用说明书。

三、使用测距仪的注意事项

(1)气象条件对光电测距影响较大，微风的阴天是观测的良好时机。

(2)测线应尽量离开地面障碍物 1.3 m 以上，避免通过发热体和较宽水面的上空。

(3)测线应避开强电磁场干扰的地方，例如变压器、高压线等。

(4)镜站的后面不应有反光镜和其他强光源等背景的干扰。

(5)要严防阳光及其他强光直射接收物镜，避免光线经镜头聚焦进入机内，将部分元件烧坏，阳光下作业应撑伞保护仪器。

第四节　全站仪测量技术

全站仪是全站型电子速测仪的简称，它由光电测距仪、电子经纬仪和数据处理系统组成。

用全站仪可以任意测算出斜距、平距、高差、高程、水平角、方位角、竖直角，还可以测算出点的坐标或根据坐标进行自动测设等测量工作，即人工设站瞄准目标后，通过操作仪器上的操作按键即可自动记录被测地面点的坐标、高程等参数。

一、全站仪的结构原理

全站仪按结构一般分为组合式和整体式两种。组合式全站仪的测距部分和电子经纬仪不是一个整体，测量时，将光电测距仪安装在电子经纬仪上进行作业，作业结束后卸下来分开装箱。整体式全站仪则将光电测距仪与电子经纬仪集成一体，也就是将测距部分和测角部分设计成一体的仪器，它可以同时进行角度测量和距离测量。望远镜的视准轴和光波测距部分的光轴是同轴的，并可进行电子记录处理和测量数据传输，使用更为方便。按数据存储方式来分，全站仪可分为内存型与电脑型。内存型全站仪所有程序固化在存储器中不能添加，也不能改写，因此无法对全站仪的功能进行扩充，只能使用全站仪本身提供的功能；而电脑型全站仪则内置 Microsoft DOS 等操作系统，所有程序均运行于其上，根据测量工作的需要以及测量技术的发展，操作者可进行软件的开发，并通过添加程序来扩充全站仪的功能。

整体式全站仪具有使用方便、功能齐全、自动化程度高、兼容性强等诸多优点，已作为常用的测量仪器被普遍使用。

全站仪的结构原理如图 2-23 所示。键盘是测量过程中的控制系统，测量人员通过按键调用所需要的测量工作过程和进行测量数据处理。图 2-23 中左半部分包含有测量的四大光电系统：测水平角、测竖直角、水平补偿和测距。以上各系统通过 I/O 接口接入总线，与数字计算机系统连接。

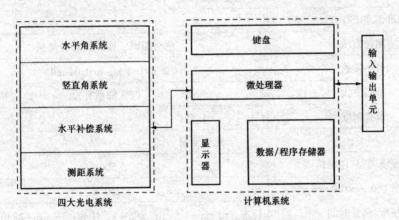

图 2-23　全站仪的结构原理

微处理器是全站仪的核心部件。仪器瞄准目标棱镜后，按操作键，在微处理器的指令控制下启动仪器进行测量工作，可自动完成水平角测量、竖直角测量、距离测量等测量工作。还可以将其运算处理成指定的平距、高差、方位角、点的坐标和高程等结果，并进行测量过程的检核、数据传输、数据处理、显示、存储等工作。输入、输出单元是与外部设备连接的装置(接口)，它可以将测量数据传输给计算机。为便于测量人员设计软件系统，处理某种目的的测量工作，在全站仪中还提供有程序存储器。

整体式全站仪的种类很多，精度、价格不一。全站仪的精度主要从测角精度和测距精度两方面来衡量。国内外生产的高、中、低等级全站仪多达几十种。目前普遍使用的全站仪有日本拓普康(Topcon)公司的 GTS 系列、索佳(Sokkia)公司的 SET 系列及 PowerSET 系列、宾得(Pentax)公司的 PTS 系列、尼康(Nikon)公司的 DTM 系列、瑞士徕卡(Lejca)公司的 WildTC 系列、我国南方测绘公司的 NTS 系列等。无论哪个品牌的全站仪，其主要外部构件均由望远镜、电池、显示器及键盘、水准器、制动和微动螺旋、基座、手柄等组成。

二、全站仪的主要性能指标

衡量一台全站仪的性能指标有：精度(测角及测距)、测程、测距时间、程序功能、补偿范围等。表 2-2 中列出了瑞士徕卡公司的 TS06plus 系列全站仪的主要性能指标供参考。

表 2-2　全站仪主要性能指标

技术参数	徕卡 5″全站仪 (TS06plus Ultra-5D)	徕卡 2″全站仪 (TS06plus Power-2)
角度测量(Hz，V)		
精度(标准偏差 ISO-17123-3)	5″	2″
测量方法	绝对编码，连续，对径测量	
最小读数	0.1″/0.1 mgon/0.01 mil[1]	
补偿方式	四重轴系补偿	
设置精度	1.5″	0.5″
距离测量		
圆棱镜测程(GPR1)	3 500 m	
反射片(60 mm×60 mm)	250 m	
精度/测量时间 (标准偏差 ISO-17123-4)	标准：$(1 \text{ mm}+1.5×10^{-6})/2.4$ s，快速：$(2 \text{ mm}+2×10^{-6})/0.8$ s， 跟踪：$(3 \text{ mm}+2×10^{-6}D)/<0.3$ s	
无棱镜距离测量		
测程(90%反射率)PinPoint	>1 000 m	>500 m
精度/测量时间[2] (标准偏差 ISO-17123-4)	$(2 \text{ mm}+2×10^{-6}D)/3$ s	
激光点大小	30 m 处：约 7 mm×10 mm；50 m 处：约 8 mm×20 mm； 250 m 处：约 30 mm×55 mm	
数据存储/通信		
可扩展内存	最大：100 000 固定点	最大：60 000 测量点

续表

技术参数	徕卡 5″全站仪 （TS06plus Ultra-5D）	徕卡 2″全站仪 （TS06plus Power-2）
USB 存储	1 GB，传输时间 1 000 点/s	
接口	串口（波特率从 1 200 到 115 200），标准 USB 和 Mini USB，无线蓝牙	
数据格式	GSI/DXF/LandXML/用户自定义 ASCII 格式	
综合数据		
望远镜		
放大倍数	30×	
分辨率	30″	
视场	1°30′，100 m 处：2.7 m	
调焦范围	1.7 m 至无穷远	
十字丝	可照明，10 级亮度可调节	
键盘和显示屏		
显示屏	图形化显示，160 px×288 px，5 级亮度可调节	
键盘	字母数字键盘（单面）	字母数字键盘（双面）
操作系统		
Windows CE	5.0 Core	
激光对点器		
类型	激光点，10 级亮度可调节	
对中精度	1.5 m 处	1.5 mm
电池		
类型	锂电池	
操作时间③	一般为 30 h	
质量		
全站仪（包括 GEB211 和基座）	5.1 kg	
环境指标		
工作温度范围	−20～+50 ℃（−4～+122 °F） 极地耐低温型−35～+50 ℃（−31F~+122 °F）（可定制）	
防尘/防水（IEC60529）	IP55	
湿度	95%，无冷凝	
FlexField 机载软件		测量　放样　设站
应用程序	测量放样设站	面积 &DTM 体积测量 COGO　多测回测角　导线平差

注：①1″= 0.309 mgon = 0.004 9 mil。

②测程大于 500 m 时，无棱镜测距精度是 4 mm+2×10⁻⁶ D。

③GEB221 电池在 25 ℃时 30 s 测量一次。如果不是新电池，使用时间可能缩短。

第五节　直线定向

要确定地面两点在平面上的相对位置，仅仅测得两点之间的水平距离是不够的，还应确定两点所连直线的方向。一条直线的方向是根据某一标准方向来确定的，确定直线与标准方向之间的关系的过程称为直线定向。

一、标准方向的种类

1. 真子午线方向

包含地球南北极的平面与地球表面的交线称为真子午线。通过地面上一点，指向地球南北极的一条线，是该点的真子午线方向。指向北方的一端简称为真北方向，指向南方的一端简称为真南方向。真子午线方向是用天文测量的方法确定的。

2. 磁子午线方向

在地球磁场作用下磁针在某点自由静止时所指的方向是该点的磁子午线方向。指向北方的一端简称为磁北方向，指向南方的一端简称为磁南方向。磁子午线方向是用罗盘仪测定的。

如图 2-24 所示，由于地球的两磁极与地球的南北极不重合（磁北极约在北纬 74°、西经 110°附近，磁南极约在南纬 69°、东经 114°附近），因此地面上任意一点的真子午线方向与磁子午线方向是不一致的，两者的夹角称为磁偏角。磁子午线方向北端在真子午线以东为东偏，δ 为"+"；以西为西偏，δ 为"−"。

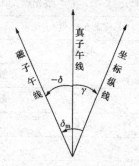

图 2-24　三种标准方向间的关系

3. 坐标纵(轴)线方向

测量中常以通过测区坐标原点的坐标纵轴线为准，测区内通过任一点与坐标纵轴平行的方向线，称为该点的坐标纵轴线方向。在高斯平面直角坐标系中，坐标纵轴线方向是地面点所在投影带的中央子午线方向。在同一投影带内，各点的坐标纵轴线方向是彼此平行的。坐标纵线方向也有北、南方向之分。

如图 2-24 所示，真子午线与坐标纵轴线间的夹角 γ 称为子午线收敛角。坐标纵线北端在真子午线以东的为东偏，γ 为"+"；以西为西偏，γ 为"−"。

二、直线方向的表示方法

1. 方位角

测量工作中，常采用方位角表示直线的方向。从直线起点的标准方向的北端起，顺时针量至该直线的水平夹角，称为该直线的方位角，值在 $0° \sim 360°$ 之间。因标准方向有真子午线方向、磁子午线方向和坐标纵线方向之分，所以对应的方位角分别称为真方位角（用 A 表示）、磁方位角（用 A_m 表示）和坐标方位角（用 α 表示）。

（1）正、反坐标方位角。

如图 2-25 所示，以 A 为起点、B 为终点的直线 AB 的坐标方位角 α_{AB} 称为直线 AB 的坐标方位角，而直线 BA 的坐标方位角 α_{BA} 称为直线 AB 的反坐标方位角。在图 2-25 中可以看出，正、反坐标方位角间的关系为

$$\alpha_{BA} = \alpha_{AB} \pm 180° \qquad (2-17)$$

图 2-25　正、反坐标方位角

（2）坐标方位角的推算。

在实际工作中并不需要测定每条直线的坐标方位角，而是通过与已知坐标方位角的直线连测后，推算出各直线的坐标方位角。如图 2-26 所示，已知直线 12 的坐标方位角 α_{12}，观测了水平角 β_2 和 β_3，要求推算直线 23 和直线 34 的坐标方位角。

由图 2-26 可以看出：

$$\alpha_{23} = \alpha_{21} - \beta_2 = \alpha_{12} + 180° - \beta_2$$
$$\alpha_{34} = \alpha_{32} + \beta_3 = \alpha_{23} + 180° + \beta_3$$

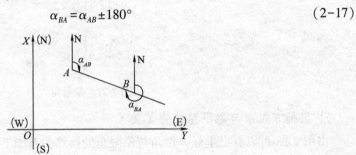

图 2-26　坐标方位角的推算

β_2 在推算路线前进方向的右侧，该转折角称为右角；β_3 在左侧，称为左角。从而可归纳出推算坐标方位角的一般公式为

$$\alpha_{前} = \alpha_{后} + 180° + \beta_{左}$$
$$\alpha_{前} = \alpha_{后} + 180° - \beta_{右}$$

计算中，如果 $\alpha_{前} > 360°$，应减去 $360°$；如果 $\alpha_{前} < 0°$，则加上 $360°$。当然，当独立建立直角坐标系，没有已知坐标方位角时，起始坐标方位角一般用罗盘仪来测定。

2. 象限角

由坐标纵轴的北端或南端起，顺时针或逆时针至直线之间所夹的锐角，并注明象限名称，称其为该直线的象限角，用 R 表示，值为 $0° \sim 90°$。如图 2-27 所示，直线 01、02、03 和 04 的象限角分别为北东 R_{01}、南东 R_{02}、南西 R_{03} 和北西 R_{04}。

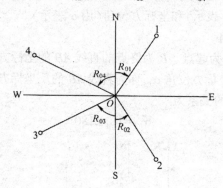

图 2-27　象限角

3. 坐标方位角与象限角的换算关系

由图 2-28 可以看出坐标方位角与象限角的换算关系如下。

在第 I 象限，$R = \alpha$；

在第 II 象限，$R = 180° - \alpha$；

在第 III 象限，$R = \alpha - 180°$；

在第 IV 象限，$R = 360° - \alpha$。

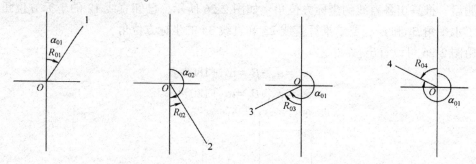

图 2-28　坐标方位角与象限角的换算关系

第六节　用罗盘仪测定磁方位角

在测试区建立独立的平面控制网时，可用罗盘仪测定直线的磁方位角，作为该控制网起始边的坐标方位角，将过起始点的磁子午线当作坐标纵轴线。下面将介绍罗盘仪的构造和使用方法。

一、罗盘仪的构造

罗盘仪是测定磁方位角的仪器，如图 2-29 所示，其主要部件有望远镜、刻度盘、磁针和三脚架等。

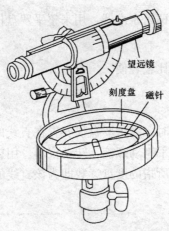

图 2-29 罗盘仪

1. 望远镜

望远镜是瞄准目标用的照准设备，一般为外对光式，对光时转动对光螺旋，望远镜物镜前后移动，使物像与十字丝网平面重合，使目标清晰。望远镜一侧装有竖直度盘，用来测量竖直角。

2. 刻度盘

由铜或铝制成的圆盘最小分划为 1°或 30′，每 10°做一注记。注记形式有两种：一种是按逆时针方向从 0°~360°注记，如图 2-30（a）所示，称为方位罗盘；一种是南、北两端为 0°，向东西两个方向注记到 90°，并且注有北（N）、东（E）、南（S）、西（W）字样，如图 2-52（b）所示，称为象限罗盘。由于使用罗盘测定直线方向时，刻度盘随着望远镜转动，而磁针始终指向南北不动，因为了在度盘上读出象限角，东、西注记与实际情况相反。同样，方位角是从北端起按顺时针算的，而方位罗盘的注记是自北端按逆时针方向注记的。

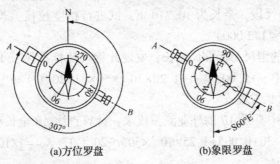

（a）方位罗盘 （b）象限罗盘

图 2-30 磁方位角的测定

3. 磁针

磁针是用人造磁铁制成的，其中心装有镶着玛瑙的圆形球窝，在刻度盘的中心装有顶针，磁针球窝支在顶针上，可以自由转动。为了减少顶针的磨损和防止磁针脱落，不使用时应用固定螺钉将磁针固定。

罗盘盒内还装有互相垂直的两个水准器，用来整平罗盘仪。

4. 三脚架

由木或铝管制成，可伸缩，比较轻便。

二、磁方位角的测定

用罗盘仪测定直线的方位角时，先将罗盘仪安置在直线的起点，对中、整平。松开磁针固定螺钉放下磁针，再松开水平制动螺旋，转动仪器，用望远镜照准直线的另一端点所立标志，待磁针静止后，其北端所指的度盘读数即为该直线的磁方位角(或磁象限角)。

小贴士

罗盘仪使用时，应注意避免任何磁铁接近仪器，选择测站点应避开高压线、车间、铁栅栏等，以免产生局部吸引，影响磁针偏转，造成读数误差。使用完毕，应立即固定磁针，以防顶针磨损和磁针脱落。

思考题

1. 简述直线定线的概念和方法。

2. 比较一般量距与精密量距的不同。

3. 下列情况对距离测量结果有何影响？使测量结果比实际距离增大还是减小？

(1)钢尺比标准长；(2)定线不准；(3)钢尺不水平；

(4)拉力忽大忽小；(5)温度比鉴定时低；(6)读数不准。

4. 测量 A、B 两点间的水平距离，用 30 m 长的钢尺，测量结果为往测 4 尺段，余长为 10.250 m，返测 4 尺段，余长为 10.210 m，试进行精度校核，若精度合格，求出水平距离。(精度要求 $K_容 = 1/2\ 000$)

5. 将一根 50 m 的钢尺与标准尺比长，发现此钢尺比标准尺长 13 mm，已知标准钢尺的尺长方程式为 $l_t = 50\ m + 0.003\ 2\ m + 1.20×10^{-5}×50×(t-20\ ℃)\ m$，钢尺比较时的温度为 11 ℃，求此钢尺的尺长方程式。

6. 请根据表2-3中直线 AB 的外业测量成果，计算直线 AB 全长和相对误差。

[尺长方程式为：$30 + 0.005 + 1.25×10^{-5}×30(t-20\ ℃)$　$K_容 = 1/10\ 000$]

表 2-3　外业测量及计算表

线段	尺段	尺段长度 /m	温度 /℃	高差 /m	尺长改正 /mm	温度改正 /mm	倾斜改正 /mm	水平距离 /m
AB	A–1	29. 391	10	+0. 860				
	1–2	23. 390	11	+1. 280				
	2–3	26. 680	11	−0. 140				
	3–4	28. 538	12	−1. 030				
	4–B	17. 899	13	−0. 940				
	Σ往							
AB	B–1	25. 300	13	+0. 860				
	1–2	23. 922	13	+1. 140				
	2–3	25. 070	11	+0. 130				
	3–4	28. 581	11	−1. 100				
	4–A	24. 050	10	−1. 060				
	Σ返							

7. 已知直线 AB 的坐标方位角为255°00′，又推算得直线 BC 的象限角为南偏西45°00′，试求小夹角∠ABC 并绘图表示之。

8. 如图 2-31 所示，已知 $\alpha_{12} = 50°30′$，$\beta_2 = 125°36′$，$\beta_3 = 121°36′$，求其余各边的坐标方位角。

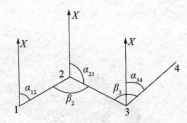

图 2-31　推算坐标方位角

9. 设已知各直线的坐标方位角分别为47°27′、177°37′、226°48′、337°18′，试分别求出它们的象限角和反坐标方位角。

10. 已知某直线的象限角为 SW78°36′，求它的坐标方位角。

11. 试述罗盘仪的作用及使用时的注意事项。

12. 简述全站仪的结构原理。

13. 衡量一台全站仪性能的主要指标有哪些？

14. 简述全站仪坐标测量的主要步骤。

15. 简述全站仪使用时的注意事项。

第三章　角度测量

1. 了解水平角测量和竖直角测量的原理、测量水平角的测回法、竖直角及竖盘指标差的计算、消减角度测量误差的措施

2. 能够使用普通经纬仪进行水平角测量和竖直角测量的观测、记录和计算，以及对普通经纬仪进行检验和校正

第一节 普通光学经纬仪的组成和使用

经纬仪是一种普通的测量仪器，主要用于角度测量。经纬仪按构造原理的不同分为光学经纬仪和电子经纬仪；按其精度由高到低又分为 DJ_{07}、DJ_1、DJ_2 和 DJ_6 等级别，其中"D"为大地测量仪器的总代码，"J"为"经纬仪"汉语拼音的第一个字母，脚标的数字 07、1、2、6 是指该经纬仪所能达到的一测回方向观测中误差（单位为秒）。

一、普通光学经纬仪的组成

各种光学经纬仪的组成基本相同，以 DJ_6 型光学经纬仪为例，其外形如图 3-1 所示，其构造主要包括照准部、水平度盘和竖直度盘、基座三部分（图 3-2）。

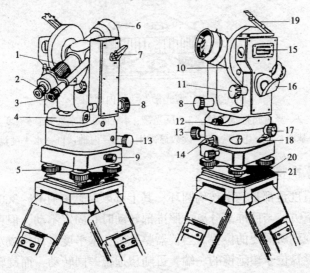

图 3-1 DJ_6 型光学经纬仪外形

1—对光螺旋；2—目镜；3—读数显微镜；4—照准部水准管；5—脚螺旋；6—望远镜物镜；7—望远镜制动螺旋；8—望远镜微动螺旋；9—中心锁紧螺旋；10—竖直度盘；11—竖盘指标水准管微动螺旋；12—光学对中器目镜；13—水平微动螺旋；14—水平制动螺旋；15—竖盘指标水准管；16—反光镜；17—度盘变换手轮；18—保险手柄；19—竖盘指标水准管反光镜；20—托板；21—压板

（一）照准部

照准部是经纬仪上部可以旋转的部分，主要有竖轴、望远镜、水准管、读数系统及光学对中器等部件。竖轴是照准部的旋转轴。由照准部制动螺旋和微动螺旋控制照准部在水平方向的旋转，由望远镜制动螺旋和微动螺旋控制望远镜在竖直方向的旋转，同时调节目镜调焦螺旋和物镜对光螺旋，就可以照准任意方向、不同高度的目标，使其成像到望远镜的十字丝平面上。照准部水准管用于整平仪器。读数系统由一系列光学棱镜组成，用于通过读数显微镜对同时显示在读数窗中的水平度盘和竖直度盘影像进行读数。光学对中器则用于安置仪器，使其中心和测站点位于同一铅垂线上。

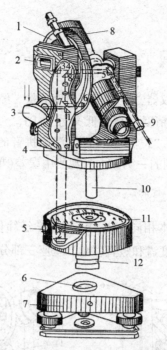

图 3-2　DJ₆ 型光学经纬仪内部构造

1—竖直度盘；2—竖盘指标水准管；3—反光镜；4—照准部水准管；5—度盘变换手轮；

6—轴套；7—基座；8—望远镜；9—读数显微镜；10—内轴；11—水平度盘；12—外轴

（二）水平度盘和竖直度盘

水平度盘和竖直度盘都是光学玻璃圆环，其上都顺时针刻有 0°~360° 的刻划线。水平度盘位于照准部的下方，与照准部分离，照准部转动时它固定不动，但可通过旋转水平度盘变换手轮使其改变到所需要的位置。当仪器整平后，水平度盘即构成水平投影面，用于测量水平角。竖直度盘位于望远镜的一端，可随望远镜一同转动，而旋转竖盘指标水准管微动螺旋使指标水准管气泡居中，即可使竖盘指标线位于固定位置，用于测量竖直角。

（三）基座

基座的轴套可以插入仪器的竖轴，旋紧轴座固定螺旋固紧照准部，可使基座对照准部和水平度盘起到支承作用，并通过中心连接螺旋将经纬仪固定在脚架上。基座上有三个脚螺旋，用于整平仪器。

二、普通光学经纬仪的读数方法

（一）DJ₆ 型光学经纬仪的分微尺读数法

DJ₆ 型光学经纬仪的读数系统中装有一分微尺。水平度盘和竖直度盘的格值都是 1°，而分微尺的整个测程正好与度盘分划的一个格值相等，又分为 60 小格，每小格为 1′，估读至 0.1′（或 6″ 的倍数）。分微尺的零线为指标线。读数时，首先读取分微尺所夹的度盘分划线之度数，再读该度盘分划线在分微尺上所指的小于 1° 的分数，二者相加，即得到完整的读数。如图 3-3 所示，读数窗中上方为水平度盘影像，读数为

$$115° + 54.0' = 115°54'00''$$

读数窗中下方为竖直度盘影像，读数为

$$78° + 06.3' = 78°06'18''$$

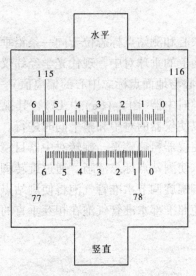

图 3-3　分微尺读数法

（二）DJ$_2$型光学经纬仪的对径分划线符合读数法

DJ$_2$型光学经纬仪的水平度盘和竖直度盘格值均为 20′，秒盘的测程和度盘格值的一半即 10′相对应，分为 600 小格，每小格为 1″，可估读至 0.1″。读数系统通过一系列棱镜的作用，将水平度盘和竖直度盘的影像分别投影到读数窗中，又各自分为三个小窗（图 3-4）。上为度盘数字窗，左下为秒盘数字窗，右下为度盘对径两端相差 180°的分划线影像符合窗。图 3-4（a）所示为对径分划线符合前的影像，图 3-4（b）所示为对径分划线符合后的影像。当旋转测微手轮，使对径分划线由不符合（图 3-4（a））过渡到符合（图 3-4（b））之后，便可在其上方小窗内读到度盘上的度数（凹槽上的大数字）和 10′的倍数（凹槽内的小数字），在其左下小窗内读到秒盘上的个位分数和秒数（水平度盘和竖直度盘的读数方法相同）。图 3-4（b）所示读数为 150°00′+01′54.0″=150°01′54.0′，图 3-4（c）所示竖直度盘读数为 74°50′+07′16.0″=74°57′16.0′。

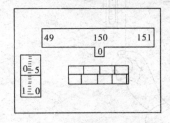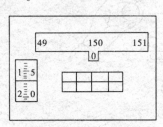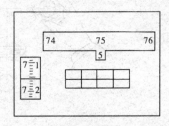

(a)对径分划线符合前(平盘)　　(b)对径分划线符合后(平盘)　　(c)对径分划线符合后(竖盘)

图 3-4　对径分划线符合读数法

三、普通光学经纬仪的使用

在测站上安置经纬仪进行角度测量时，其使用分为对中、整平、照准、读数四个步骤。

（一）对中

对中就是安置仪器使其中心和测站点标志位于同一条铅垂线上的过程。传统的方法是使用悬挂在中心连接螺旋挂钩上的垂球对中，现代光学经纬仪可以利用光学对中器进行对中。仪器对中误差（即仪器中心与地面点标志中心的偏离值）一般不应超过 2 mm。

现代光学经纬仪装有光学对中器（图 3-1（a）中 12），其视线经棱镜折射后与仪器的竖轴中心相重合，操作时，可以使仪器的对中和整平同时进行。先将脚架中心大致对准测站点，架头表面大致水平，即使仪器粗略整平。旋转对中器目镜调焦螺旋，使分划板小圆圈清晰，再伸缩对中器小镜筒，使测站点标志清晰。通过旋转脚螺旋使测站点标志进入小圆圈中间。由于此时若再旋转脚螺旋调节水准管气泡将使测站点标志偏离小圆圈，因此应通过调节脚架三个架腿的高度使照准部水准管气泡在相互垂直的方向上均居中。

> **小贴士**
>
> 如果此时水准管气泡尚有少量偏移，可再稍许旋转脚螺旋，使水准管气泡居中，即精确整平。但此时测站点标志会偏离对中器小圆圈，可松开中心连接螺旋使仪器在脚架上面少量平移，以使测站点标志返回小圆圈，即精确对中。

（二）整平

整平就是通过调节水准管气泡使仪器竖轴处于铅垂位置的过程。粗略整平是安置经纬仪时挪动架腿，使脚架头表面大致水平，再旋转脚螺旋使圆水准器气泡居中。精确整平则是先使照准部水准管与任意两脚螺旋的连线平行，按照左手法则，旋转该两脚螺旋使照准部水准管气泡居中（图 3-5（a）），再将照准部旋转 90°，旋转第三个脚螺旋，使气泡居中（图 3-5（b））。反复操作，直至仪器旋转至任意方向，水准管气泡均居中。仪器整平误差，即气泡偏离中心一般不应超过 1 格。

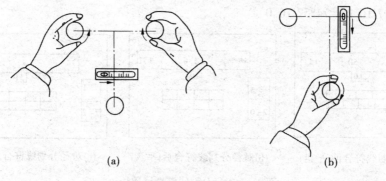

（a）　　　　　　　　　　（b）

图 3-5　经纬仪整平

（三）照准

先松开照准部和望远镜的制动螺旋，将望远镜对向明亮的背景或天空，旋转目镜调焦螺旋，使十字丝清晰；然后转动照准部，用望远镜上的瞄准器对准目标；再通过望远镜瞄准，使目标影像位于十字丝中央附近，旋转对光螺旋，进行物镜调焦，使目标影像清晰，消除视差；最后旋转水平微动螺旋和望远镜微动螺旋，使十字丝竖丝单丝与较细的目标精确重合（图 3-6(a)），或双丝将较粗的目标夹在中央（图 3-6(b)）。测量水平角时，应尽量照准目标的底部；测量竖直角时，应使中横丝与目标的顶部或预定的观测标志相切（图 3-6(c)）。

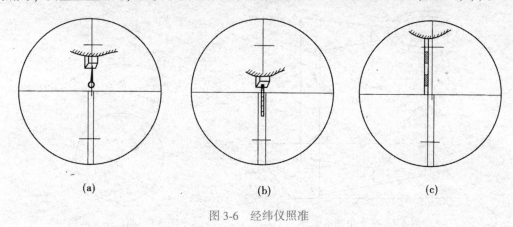

| (a) | (b) | (c) |

图 3-6 经纬仪照准

（四）读数

调节反光镜的角度，旋转读数显微镜调焦螺旋，使读数窗影像明亮而清晰，按上述经纬仪的读数方法，对水平度盘或竖直度盘进行读数。在对竖直度盘读数前，应旋转指标水准管微动螺旋，使竖盘指标水准管气泡居中。

第二节　水平角测量

使用经纬仪进行角度测量是一种基本的测量工作，角度测量包括水平角测量和竖直角测量。

水平角是确定点的平面位置的基本要素之一。常用的水平角测量方法有两种，即测回法和方向观测法（又称全圆测回法）。前者适用于 2~3 个方向，后者适用于 3 个以上方向。一个测回由上、下两个半测回组成。上半测回用盘左（"竖直度盘"放到经纬仪左侧，称为"盘左"），即将竖盘置于望远镜的左侧，又称正镜；下半测回用盘右（"竖直度盘"放到经纬仪右侧，称为"盘右"），即倒转望远镜，将竖盘置于望远镜的右侧，又称倒镜。然后将盘左、盘右所测角值取平均，其目的是消除仪器的多种误差。

一、水平角测量原理

设 A、O、B 为地面上任意三点，过 OA、OB 分别作竖直面与水平面相交，得交线 oa、ob，其间的夹角 β 就是 OA、OB 两个方向之间的水平角（图 3-7）。即水平角是空间任意两方向在水平面上投影之间的夹角，取值范围为 $0°~360°$。

经纬仪之所以能用于测量水平角，是因为其中心可安置于过角顶点的铅垂线上，并有望远镜照准目标，还有作为投影面且带有刻度的水平度盘。安置经纬仪于地面 O 点，转动望远镜分别照准不同的目标（如 A、B 两点），就可以在水平度盘上得到方向线 OA、OB 在水平面上投影的读数 a、b，由此即得 OA、OB 之间的水平角 β 为

$$\beta = b - a \tag{3-1}$$

二、测回法

设 A、O、B 为地面三点，为测定 OA、OB 两个方向之间的水平角 β，在 O 点安置经纬仪（图 3-8），采用测回法进行观测。

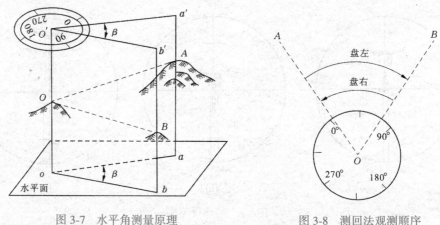

图 3-7　水平角测量原理　　　　　　图 3-8　测回法观测顺序

（一）操作步骤

1. 上半测回（盘左）

先瞄准左目标 A，得水平度盘读数 a_1（设为 $0°02'06''$），旋松水平制动螺旋，顺时针转动照准部瞄准右目标 B，得水平度盘读数 b_1（设为 $68°49'18''$），将两读数记入手簿（表 3-1），并算得盘左角值为

$$\beta_左 = b_1 - a_1 = 68°49'18'' - 0°02'06'' = 68°47'12''$$

接着再旋松水平制动螺旋，倒转望远镜，由盘左变为盘右。

表 3-1　水平角观测手簿（测回法）

日期＿＿　天气＿＿　仪器＿＿　地点＿＿　观测＿＿　记录＿＿

测站 （测回）	目标	竖盘位置	水平度盘读数 /(° ′ ″)	半测回角值 /(° ′ ″)	一测回角值 /(° ′ ″)	各测回均值 /(° ′ ″)
O （Ⅰ）	A	左	0　02　06	68　47　12	68　47　09	68　47　06
	B		68　49　18			
	A	右	180　02　24	68　47　06		
	B		248　49　30			
O （Ⅱ）	A	左	90　01　36	68　47　06	68　47　03	
	B		158　48　42			
	A	右	270　01　48	68　47　00		
	B		338　48　48			

2. 下半测回(盘右)

先瞄准右目标 B，得水平度盘读数 b_2（设为 248°49′30″），逆时针转动照准部瞄准左目标 A，得水平度盘读数 a_2（设为180°02′24″），将两读数记入手簿，并算得盘右角值为

$$\beta_{右} = b_2 - a_2 = 248°49′30″ - 180°02′24″ = 68°47′06″$$

计算角值时，总是右目标读数 b 减去左目标读数 a，若 $b<a$，则结果应加 360°。

3. 计算测回角值 β

测回角值为

$$\beta = \frac{\beta_{左} + \beta_{右}}{2} = \frac{68°47′12″ + 68°47′06″}{2} = 68°47′09″$$

如果还需测第二个测回，则观测顺序同上，记录和计算见表 3-1。

（二）注意事项

（1）同一方向的盘左、盘右读数应相差 180°。

（2）半测回角值较差的限差一般为 ±40″。

（3）为提高测角精度，观测 n 个测回时，在每个测回开始即盘左的第一个方向，应旋转度盘变换手轮配置水平度盘读数，使其递增 $\dfrac{180°}{n}$。若 $n=2$，则各测回递增 90°，即盘左起始方向的读数之大数应分别为 0°、90°（表 3-1）。各测回平均角值较差的限差一般为 ±24″。

三、方向观测法(全圆测回法)

设在测站 O 点安置仪器，以 A、B、C、D 为目标，为测定 O 点至每个目标的方向值及相邻方向之间的水平角，可采用方向观测法进行观测（图 3-9）。

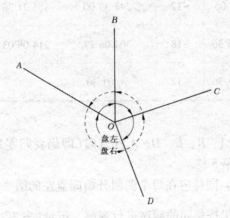

图 3-9　方向观测法观测顺序

（一）操作步骤

1. 上半测回(盘左)

选定零方向（如为 A），将水平度盘配置在稍大于 0°00′ 的读数处，按顺时针方向依次观测 A、B、C、D、A 各方向，分别读取水平度盘读数，并由上至下依次记入表 3-2 第 4

栏。观测最后再回到零方向 A，称为归零。由于方向数较多，产生碰动仪器等粗差的可能性也较大，因此通过归零，可以检查观测过程中水平度盘的位置有无变动。接着倒转望远镜，由盘左变为盘右。

表 3-2 水平角观测手薄(方向观测法)

日期___ 天气___ 仪器___ 观测___ 记录___ 检查___

测回数	测站	照准点	盘左读数/(° ′ ″)	盘右读数/(° ′ ″)	$2c$/(″)	$\dfrac{L+(R\pm180°)}{2}$/(° ′ ″)	一测回归零方向值/(° ′ ″)	各测回归零方向平均值/(° ′ ″)	水平角值/(° ′ ″)
1	2	3	4	5	6	7	8	9	10
1	O	A	06 0 01 00	18 180 01 18	−18	(0 01 12)0 01 09	0 00 00	0 00 00	
		B	91 54 00	271 54 06	−06	91 54 03	91 52 51	91 52 48	91 52 48
		C	153 32 36	333 32 48	−12	153 32 42	153 31 30	153 31 33	61 38 45
		D	214 06 06	34 06 12	−06	214 06 09	212 04 57	214 05 00	60 33 27
		A	0 01 12	180 01 18	−06	0 01 15			
2	O	A	18 90 01 12	30 270 01 24	−12	(90 01 24)90 01 18	0 00 00		
		B	181 54 00	1 54 18	−18	181 54 09	91 52 45		
		C	243 32 54	63 33 06	−12	243 33 00	153 31 36		
		D	304 06 18	124 06 36	−18	304 06 27	214 05 03		
		A	90 01 24	270 01 36	−12	90 01 30			

2. 下半测回(盘右)

按逆时针方向依次观测 A、B、C、D、A 各方向(即仍要归零)，读取水平度盘读数，并由下而上依次记入表 3-2 第 5 栏。

如果需要观测 n 个测回，同样应在每个测回开始即盘左的第一个方向，配置水平度盘读数，使其递增 $\dfrac{180°}{n}$，其后仍按相同的顺序进行观测、记录(表 3-2)。

分别对上、下半测回中零方向的两个读数进行比较，其差值称为半测回归零差，该值的限差列于表 3-3。若两个半测回的归零差均符合限差要求，则可进行计算工作。

表 3-3 水平角方向观测法限差

仪器级别	半测回归零差	一测回内 2c 互差	同一方向值各测回互差
DJ$_2$	12″	18″	12″
DJ$_6$	18″	无此项要求	24″

（二）计算步骤

1. 计算两倍视准轴误差 2c

$$2c = 盘左读数 - (盘右读数 ± 180°) \qquad (3-2)$$

每个方向的 2c 值填入表 3-2 第 6 栏。如果所算 2c 值仅为仪器的两倍视准轴误差，则不同方向的 2c 值应相等。如果第 6 栏所示的 2c 值互差较大，说明含有较多的观测误差，因此不同方向 2c 值的互差大小可用于检查观测的质量。如果其互差超限（限差见表 3-3），则应检查原因，予以重测。

2. 计算各方向的平均读数

$$平均读数 = \frac{盘左读数 + (盘右读数 ± 180°)}{2} \qquad (3-3)$$

计算结果记入表 3-2 第 7 栏。因一测回中零方向有两个平均读数，故应将这两个数值再取平均，作为零方向的平均方向值，填入该栏上方的括号内，例如表中第一测回的（0°01′12″）和第二测回的（90°01′24″）。

3. 计算归零后的方向值

将各方向的平均读数减去括号内的零方向平均值，即得各方向的归零方向值（以零方向 0°00′00″为起始的方向值），填入表 3-2 第 8 栏。

4. 计算各测回归零后方向值之平均值

同一方向在每个测回中均有归零后的方向值，若其互差小于限差（表 3-3），则取其平均值作为该方向的最后方向值填入表 3-2 第 9 栏。

5. 计算相邻目标间的水平角值

将表 3-2 中第 9 栏相邻两方向值相减，即得各相邻目标间的水平角值，填入第 10 栏。

第三节 竖直角测量

一、竖直角测量原理

竖直角（简称竖角）是同一竖直面内水平方向转向目标方向的夹角。竖直角可用于间接确定点的高程或将斜距化为平距。设在 O 点安置仪器，使望远镜照准某目标得到目标方向，通过望远镜中心有水平方向，其间的夹角 α 就是该目标的竖直角（图3-10）。目标方向高于水平方向的竖直角称为仰角，α 为正值，取值范围为 0°～+90°；目标方向低于水平方向的竖直角称为俯角，α 为负值，取值范围为 0°～-90°。同一竖直面内由天顶方向（即铅垂线的反方向）转向目标方向的夹角称为天顶距，其取值范围为 0°～+180°（无负值）。全

站仪的角度测量中天顶距测量和竖直角测量可以互相切换。

 小 贴 士

> 经纬仪之所以能用于测量竖直角，是因为在横轴一端装有和望远镜一同转动的竖直度盘(简称竖盘)，能对竖直面上的目标方向进行读数。竖盘指标线受竖盘指标水准管控制。过竖盘指标水准管圆弧表面零点的纵向切线称为竖盘指标水准管轴。竖盘指标水准管轴应垂直于竖盘指标线。在此前提下，当指标水准管气泡居中时，水平方向读数盘左为90°，盘右为270°(图3-11)。所以，在竖直角测量时，只要照准目标，读取竖盘读数，就可以通过计算得到目标的竖直角。

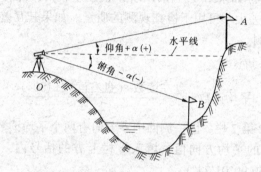

图 3-10　竖直角测量原理

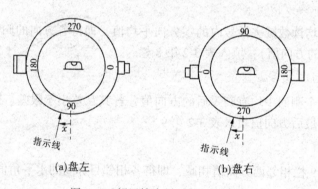

(a)盘左	(b)盘右

图 3-11　望远镜水平时的竖盘读数

二、竖直角计算与观测

(一)竖直角计算

由于竖直角测量只需对目标方向进行观测、读数，而水平方向读数为竖盘所固有，因此就需要通过公式将目标的竖直角值计算出来。

设目标方向在水平方向之上，盘左、盘右的竖盘读数分别为 $L(<90°)$ 和 $R(>270°)$(图3-12)，而水平读数分别为90°和270°(图3-11)，此时竖直角为仰角(即 $\alpha>0°$)可知其计算公式如下。

盘左：

$$\alpha_L = 90° - L \tag{3-4}$$

盘右：

$$\alpha_R = R - 270° \tag{3-5}$$

其平均值为

$$\alpha = \frac{\alpha_L + \alpha_R}{2} \tag{3-6}$$

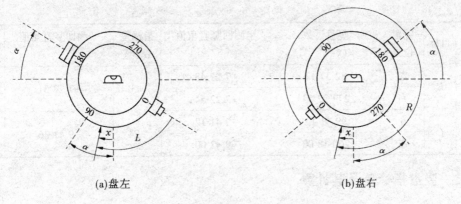

(a)盘左　　　　　　　　　　(b)盘右

图 3-12　竖直角为仰角时的竖盘读数

如目标方向在水平方向之下，盘左、盘右的竖盘读数必然为 $L > 90°$ 和 $R < 270°$（图 3-13），代入式（3-4）~（3-6）算得的竖直角为俯角（即 $\alpha < 0°$），因而式（3-4）~（3-6）亦适用于俯角的计算，可知式（3-4）~（3-6）即为竖直角的计算公式。

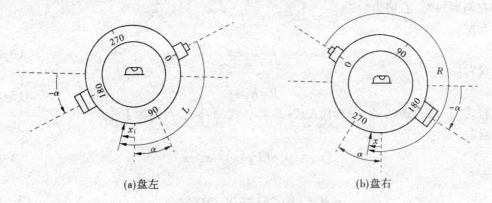

(a)盘左　　　　　　　　　　(b)盘右

图 3-13　竖直角为俯角时的竖盘读数

（二）竖直角观测

设在 A 点安置经纬仪，测定 B 目标的竖直角，其步骤如下。

(1)盘左瞄准目标 B，以十字丝中横丝与目标预定的观测标志（或高度）相切（图 3-6(c)）。

(2)旋转竖盘指标水准管微动螺旋，使指标水准管气泡居中，读取盘左的竖盘读数 L（设为 $82°37'12''$），记入手簿（表 3-4）第 4 栏，按式（3-4）算得 $\alpha_L = +7°22'48''$，填入第 5 栏。

(3)松开望远镜制动螺旋，倒转望远镜，以盘右再次瞄准目标 B，使指标水准管气泡

居中，读取盘右的竖盘读数 R（设为 $277°22'54''$），记入手簿第 4 栏，按式（3-5）算得 $\alpha_R = +7°22'54''$，填入第 5 栏。

（4）按式（3-6）盘左、盘右取平均，得目标 B 一测回的竖直角值 $+7°22'51''$（为仰角），填入第 7 栏。

同理可得表 3-4 中所列目标 C 的观测结果（为俯角）。

表 3-4　竖直角观测手簿

日期___　天气___　仪器___　地点___　观测___　记录___

测站	目标	竖盘位置	竖盘读数 /(° ′ ″)	半测回竖直角值 /(° ′ ″)	指标差 $x/('')$	一测回竖直角值 /(° ′ ″)	说明
A	B	左	82 37 12	+7 22 48	+3	+7 22 51	
		右	277 22 54	+7 22 54			
A	C	左	99 41 12	−9 41 12	−24	−9 41 36	
		右	260 18 00	−9 42 00			

三、竖盘指标差及其计算

当望远镜水平、竖盘指标水准管气泡居中时，竖盘的正确读数应为 90°（盘左）或 270°（盘右）。如果竖盘指标线偏离正确位置，其读数将与 90° 或 270° 之间产生小的偏角，此偏角 x 称为竖盘指标差。设盘左竖盘指标线向左偏离 x，如图 3-11～3-13 所示，这时无论盘左、盘右，也无论望远镜水平还是仰、俯，均使竖盘读数增加 x（x 有"+""−"号，令其盘左时左偏为"+"，右偏为"−"）。

盘左：
$$L = L_{正} + x \tag{3-7}$$

盘右：
$$R = R_{正} + x \tag{3-8}$$

将式（3-7）、式（3-8）分别代入式（3-4）、式（3-5），可得如下公式。

盘左：
$$\alpha_L = 90° - (L_{正} + x) = \alpha_{正} - x \tag{3-9}$$

盘右：
$$\alpha_R = (R_{正} + x) - 270° = \alpha_{正} + x \tag{3-10}$$

将式（3-9）、式（3-10）相加除以 2，可得
$$\alpha_{正} = \frac{\alpha_L + \alpha_R}{2} \tag{3-11}$$

式（3-9）～（3-11）说明，指标差 x 对盘左、盘右竖直角的影响大小相同、符号相反，采用盘左、盘右取平均的方法就可以消除指标差对竖直角的影响。

将式（3-9）、式（3-10）相减除以 2，可得
$$x = \frac{\alpha_R - \alpha_L}{2} \tag{3-12}$$

由图 3-11～3-13 可知，当竖盘指标线位置正确时，无论望远镜是水平还是仰、俯，均

有 $L_正 + R_正 = 360°$，因此将式（3-7）、式（3-8）取和可得

$$x = \frac{(L+R) - 360°}{2} \tag{3-13}$$

可见，竖盘指标差 x 有两种算法：一种是依据盘右和盘左的竖直角计算（式（3-12）），另一种则是直接依据盘左和盘右的竖盘读数计算（式（3-13）），二者的计算结果相同。例如，表3-4中，经计算目标 B 和 C 的竖盘指标差 x 分别为+3″和−24″，其结果填入第6栏。对于同一架经纬仪而言，观测不同目标算得的竖盘指标差如确系仪器本身的误差，理应大致相同。该例两个指标差值相差较大，说明读数中含有较多的观测误差。

四、竖盘指标的自动归零

采用指标水准管控制竖盘指标线，每次读数前都必须旋转指标水准管微动螺旋，使指标水准管气泡居中，从而使竖盘指标线位于固定位置，一旦疏忽，将造成读数错误。因此，新型经纬仪在竖盘光路中，以竖盘指标自动归零补偿器替代竖盘指标水准管，其作用与自动安平水准仪的自动安平补偿器相类似，使仪器在允许倾斜范围内，直接就能读到与指标水准管气泡居中相同的正确读数。这一功能称为竖盘指标的自动归零。DJ_6 型经纬仪的整平误差约为±1′，而竖盘指标自动归零补偿器的补偿范围（即仪器允许的倾斜范围）为±2′。

第四节　光学经纬仪检验和校正

一、光学经纬仪主要轴线及其应满足的几何条件

光学经纬仪的主要轴线有仪器的旋转轴即竖轴 VV、水准管轴 LL、望远镜视准轴 CC 和望远镜的旋转轴即横轴（又称水平轴）HH（图3-14）。它们之间应满足以下几何条件。

（1）照准部水准管轴垂直于竖轴，即 $LL \perp VV$。

（2）视准轴垂直于横轴，即 $CC \perp HH$。

（3）横轴垂直于竖轴，即 $HH \perp VV$。

（4）十字丝竖丝垂直于横轴，即竖丝 $\perp HH$。

此外，在测量竖直角时，还应满足竖盘指标水准管轴垂直于竖盘指标线的条件。

二、光学经纬仪检验和校正

（一）照准部水准管轴检验和校正

检验目的：使照准部水准管轴 LL 垂直于仪器竖轴 VV。照准部水准管是用来粗略整平仪器的。粗略整平不仅仅是要使水准管气泡居中，主要是要使仪器的竖轴竖直，这一要求只有在满足 $LL \perp VV$ 的前提下才能达到。

检验方法和校正方法与水准仪的圆水准轴的

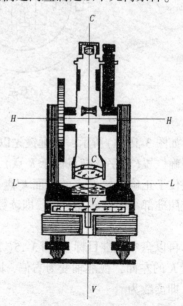

图3-14　经纬仪的主要轴线关系

检验方法和校正方法基本相同。首先，转动照准部使水准管与基座上一对二脚螺旋的连线相平行，旋转该二脚螺旋，使水准管气泡居中。然后，将照准部旋转180°，如果气泡仍然居中，说明 VV 与 LL 相垂直；如果气泡不再居中（偏离1格以上），说明 VV 与 LL 不垂直。产生偏移的原因是照准部水准管一端的校正螺丝有所松动或磨损，造成水准管两端不等高，致使照准部水准管轴偏移正确位置。校正时，用校正针拨动水准管的上、下校正螺丝，使气泡向居中位置返回偏移量的一半，此时水准管轴与竖轴之间即相互垂直。然后用脚螺旋整平，使水准管气泡居中，竖轴即恢复竖直位置。校正工作一般需反复进行，直到仪器旋转到任何位置，照准部水准管气泡均居中。

（二）视准轴检验和校正

检验目的：使望远镜视准轴 CC 垂直于横轴 HH，从而使视准轴绕横轴转动时划出的照准面为一平面。

检验方法：若望远镜视准轴 CC 与横轴 HH 不相互垂直，则二者之间存在偏角 c，这一误差称为视准轴误差（图3-15）。视准轴误差的存在将使视准轴绕横轴转动时划出的照准面为一圆锥面，从而影响照准精度。

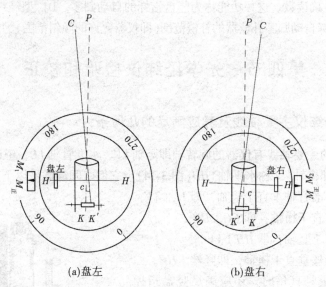

(a)盘左　　　　　　(b)盘右

图3-15　视准轴检验

如图3-15(a)所示，望远镜先以盘左瞄准目标 P（与仪器大致同高），虚线所指为视准轴正确位置（十字丝交点位于 K 点），水平度盘读数为 $M_正$，若存在视准轴误差 c（设十字丝交点位于正确位置 K 点的右面 K' 点，视准轴左偏），为使视准轴（实线所指）照准目标，必须使照准部顺时针转动 c 角，即读数为

$$M_1 = M_正 + c \qquad (3-14)$$

再以盘右照准目标 P（图3-15(b)），由于倒转望远镜后十字丝交点所在的 K' 转至正确位置 K 的左面，视准轴变为右偏，因此为使视准轴照准目标，必须使照准部逆时针转动 c 角，即读数为

$$M_2 = M_正 = c \qquad (3-15)$$

将式(3-14)、式(3-15)相加除以2，可得

$$M_正 = \frac{M_1 + (M_2 \pm 180°)}{2} \tag{3-16}$$

式（3-14）~（3-16）说明，视准轴误差 c 对盘左、盘右读数的影响大小相同、符号相反，采用盘左、盘右取平均的方法就可以消除视准轴误差对水平角的影响。

再将式（3-14）与式（3-15）相减除以2，可得

$$c = \frac{M_1 - (M_2 \pm 180°)}{2} \tag{3-17}$$

式（3-17）即视准轴误差的计算公式。

根据上述即得其检验方法：以盘左、盘右观测大致位于水平方向的同一目标 P（为何需照准水平方向目标，见下面横轴的检验和校正），分别将得到的读数代入式（3-17），如算得的 c 值超过容许范围（一般为 $\pm 30''$），即说明存在视准轴误差。

校正方法：视准轴和横轴不垂直，主要是由于十字丝环的固定螺丝有所松动或磨损，十字丝交点偏离正确位置，因此视准轴偏斜。此时，望远镜仍处于盘右位置，校正按以下步骤进行。

（1）将算得的 c 值代入式（3-15），计算盘右的正确读数 $M_正 = M_2 + c$。

（2）旋转照准部微动螺旋使读数变为 $M_正$，十字丝交点必然偏离目标 P。

（3）用校正针拨动十字丝环左、右校正螺丝（图3-16），一松一紧推动十字丝环左右平移，直至十字丝交点对准目标 P，即由 K' 返回正确位置 K。

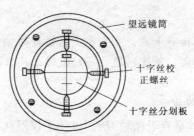

图3-16　十字丝环

（三）横轴检验和校正

检验目的：使望远镜横轴 HH 垂直于竖轴 VV，从而使视准轴绕横轴转动时划出的照准面为一竖直平面。

检验方法：若望远镜横轴 HH 与竖轴 VV 不相互垂直，则二者之间存在偏角，这一误差称为横轴误差（图3-17）。横轴误差的存在将使视准轴绕横轴转动时划出的照准面为一倾斜平面，同样会影响照准精度。

如图3-17（a）所示，横轴误差的连带影响是使视准轴产生新的偏斜。对同一 i 角而言，当目标的竖直角为零时，这种偏斜对平盘读数的影响亦为零；而当目标的竖直角增大时，其影响将显著增加（图3-17（b））。在实际观测中，视准轴误差和横轴误差的影响往往同时存在于盘左读数与盘右读数之差，即 $2c$ 值中。由此可知，上述视准轴误差的检验已包括横轴误差的检验。区分两种误差的方法是：照准水平方向的目标，其结果主要反映视准轴误差（这是视准轴检验和校正时，需要照准水平方向目标的原因）；照准竖直角大的目标，其结果主要反映横轴误差。

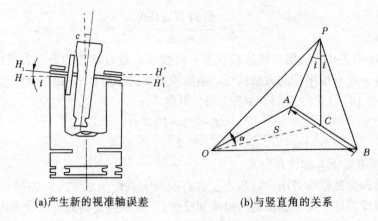

(a)产生新的视准轴误差　　　　　(b)与竖直角的关系

图 3-17　横轴误差的影响

和视准轴误差一样，横轴误差对盘左、盘右读数的影响也是大小相同、符号相反，取平均即可消除其影响。

根据上述即得其检验方法：以盘左、盘右观测较高处，即竖直角较大的同一目标 P，分别得水平度盘读数 M_1、M_2，代入式(3-17)，若算得的 c 值超过限度(一般为±30″)，即说明存在(或与视准轴误差同时存在)横轴误差。

> **小贴士**
>
> 校正方法：横轴和竖轴不垂直，主要是支承横轴的偏心环有所松动或磨损，使横轴两端的高度发生了变化。遇此问题，一般应送工厂修理。

(四)十字丝竖丝检验和校正

检验目的：使十字丝竖丝垂直于横轴 HH，以便于仪器整平后使十字丝竖丝保持竖直，从而提高目标照准的精度。

检验和校正方法与水准仪十字丝横丝的检验和校正基本相同。只不过此处是用望远镜竖丝一端对准某固定点 A，使望远镜上下微动。若此时点 A 影像不偏离竖丝，说明条件满足，否则说明条件不满足。校正时轻转分划板座，使点 A 对竖丝的偏离量减少一半，即使竖丝恢复竖直位置。

(五)竖盘指标水准管轴检验和校正

检验目的：使竖盘指标水准管轴垂直于竖盘指标线，即消除竖盘指标差。

检验方法：安置经纬仪，对同一目标盘左、盘右测其竖直角，按式(3-12)式(3-13)计算指标差 x。若 $|x|>1'$，应予以校正。

校正方法：指标差的存在，主要是由于竖盘指标水准管一端的上、下校正螺丝有所松动或磨损，因此指标水准管两端不等高，指标水准管轴和竖盘指标线不垂直。校正按以下步骤进行：

(1)依旧在盘右位置，照准原目标点，按式(3-8)计算盘右的竖盘正确读数 $R_正 = R - x$。

(2)转动竖盘指标水准管微动螺旋，使竖盘读数由 R 改变为 $R_正$。此时，指标水准管气泡将不再居中。

（3）用校正针拨动指标水准管上、下校正螺丝使气泡居中，指标水准管轴和竖盘指标线即相互垂直。

第五节 电子测角

电子测角是一种运用新型电子经纬仪或全站仪进行自动测角的方法。它采用光电扫描度盘，通过角度值和数码的相互转换实现角度观测的自动记录、计算、显示、存储和传输。在光电扫描度盘获取电信号测角的方式，目前应用较多的是光栅度盘测角和光栅动态测角两种，下面介绍它们的原理。

一、光栅度盘测角原理

光学玻璃上均匀地刻有若干细线，构成光栅（图 3-18（a）、（b））。光栅的基本参数是刻线密度（每毫米的刻线条数）和栅距（相邻两刻线的间距）。设栅线宽度为 a，间隔宽度为 b，栅距即为 $d=a+b$（通常 $a=b$）。栅线不透光，间隔透光。刻在圆盘上等角距的栅线称为径向光栅，在电子经纬仪中即为光栅度盘（图 3-18（c））。在光栅度盘上下对应位置装上光源和接收器，并随照准部一同转动（光栅度盘不动）。在转动过程中，将光栅是否透光的信号转变为电信号，由计数器累计其移动的栅距数，即可求得所转动的角值。这种没有绝对度数，而是依据移动栅距的累计数进行测角的系统称为增量式测角系统。

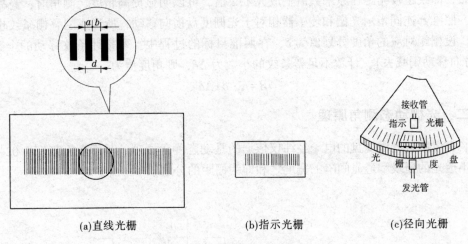

(a)直线光栅 (b)指示光栅 (c)径向光栅

图 3-18 光栅度盘与指示光栅

为了提高光栅的读数精度，系统采用叠栅条纹技术。所谓叠栅条纹，就是将两块密度相同的光栅（如图 3-18 中的指示光栅和径向光栅）重合，并使它们的刻划线相互倾斜一个小的角度 θ，转动时即可产生明暗相间的条纹（图 3-19）。当指示光栅横向移动一个栅距 d时，就会造成叠条纹上下移动一个纹距 ω。二者之间的关系式为

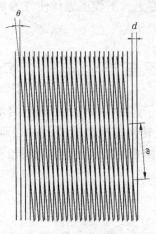

图 3-19　叠栅条纹

$$\omega = \frac{d}{\theta'} \times \rho' \tag{3-18}$$

式中，$\rho' = 3\ 438'$。

由式(3-18)可见，叠栅条纹的纹距比栅距放大了 $\frac{1}{\theta'} \times 3\ 438'$ 倍，如 $\theta = 20'$，则 $\omega = 172 \times d$，即纹距较栅距在原来数值上放大 172 倍，可以明显提高精度。测角时，光栅度盘不动，照准部连同指示光栅和传感器相对于光栅度盘横向移动，所形成的叠栅条纹也随之移动。设栅距对应的角度分划值为 δ，在照准目标的过程中，可累计条纹移动的个数为 n（反方向移动则减去），计数不足整条纹的小数为 $\Delta\delta$，则角度值为

$$\beta = n \cdot \delta + \Delta\delta \tag{3-19}$$

二、光栅动态测角原理

装有可旋转光栅度盘的电子经纬仪依据的是动态测角原理。其度盘上刻有 1 024 条栅线，不透光的栅线和透光间隔的宽度之和即为栅距的分划值 ϕ_0（图 3-20）。

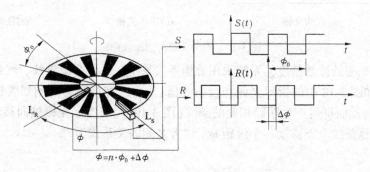

图 3-20　动态测角原理

此外，在度盘外缘装有固定光栏 L_S（相当于光学度盘的零分划线），在度盘内侧装有

可动光栏 L_R（相当于光学度盘的指标线），随照准部一道转动，它们之间的夹角即为待测的角值。这种方法称为绝对式测角系统。由图 3-20 可见，照准目标与零分划线之间的角值 ϕ 为

$$\phi = n \cdot \phi_0 + \Delta\phi \tag{3-20}$$

即 ϕ 角等于 n 个栅距分划值 ϕ_0 与不足整栅距的零分划 $\Delta\phi$ 之和，它们通过光栅度盘快速旋转时产生的电信号及其相应的相位差，分别由粗测和精测的结果转换求得。

（一）粗测——求 ϕ_0 的个数 n

在度盘同一径向的内外缘上设有两个特殊标记 a 和 b。度盘旋转时，从标记 a 通过 L_S 时起，计数器开始记取整周期 ϕ_0 的个数；当另一标记 b 通过 L_R 时，计数器停止记数。此时，所记数值即为 ϕ_0 的个数 n。

（二）精测——求 $\Delta\phi$

精测开始，度盘旋转。每一条光栅线通过光栏 L_S 和 L_R 会分别产生两个信号 S 和 R（图 3-20 中的方形波），它们的相位差即为 $\Delta\phi$。度盘上共有 1 024 条栅线，即度盘每旋转一周，可获得 1 024 个 $\Delta\phi$，取其平均值就是零周期的相位差，再通过微处理器进行处理，转换为角值。

实际上，光栏 L_S 和 L_R 均按对径设置，即各有一对（图 3-20 中 L_S 和 L_R 仅各绘出一个），度盘上的特殊标记 a 和 b 也各有一对，每隔 90° 设置一个，其目的是消除度盘的偏心误差。仪器的竖直度盘无活动光栏，仅有一对固定光栏装在指向天顶的对径方向，相当于竖盘的指标线。

> **小贴士**
>
> 目前，采用上述原理制成的电子经纬仪，其一测回方向中误差可达 ±0.5″。

第六节　消减角度测量误差的措施

和水准测量一样，角度测量的误差一般也由仪器误差、观测误差和外界条件影响的误差三方面构成。分析误差产生的原因，寻找消减误差的措施，将有助于提高角度测量的精度。

一、水平角测量误差及消减措施

（一）仪器误差

虽经检验和校正，仪器还会带有某些剩余误差，如视准轴误差、横轴误差、竖盘指标差等，应通过盘左、盘右测角取平均消除其影响。此外，还可能因度盘的旋转中心与照准部的旋转中心不重合而产生度盘偏心差，因受工艺水平的限制而带有度盘刻划误差等，前者应采用盘左、盘右读数取平均方式减小误差，后者则采取测回间变换度盘位置等措施对它们的影响加以限制。

（二）观测误差

1. 整平误差

仪器整平不严格将导致仪器竖轴倾斜。该误差不能采用某种观测方法加以消除，其影响随目标竖直角的增加而增大，所以观测目标的竖直角越大，越应注意仪器的整平。

2. 对中误差

安置仪器不准确致使仪器中心与测站点偏离 e，由此产生的误差为对中误差。如图 3-21 所示，O 为测站点，O' 为仪器中心，β 为应有角值，β' 为实测角值，D_1、D_2 分别为测站点至两照准目标的距离。显然，由于对中误差的存在，因此产生角度误差 $\Delta\beta = \beta' - \beta$。由图 3-21 可见，角度误差的近似值可按下式计算：

$$\Delta\beta = \delta_1 + \delta_2 - e\left(\frac{1}{D_1} + \frac{1}{D_2}\right)\rho''$$

设 $D_1 = D_2 = D$，则有

$$\Delta\beta = \frac{2e}{D}\rho'' \tag{3-21}$$

式中，$\rho'' = 206\ 265''$。

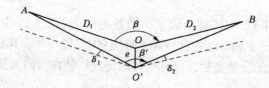

图 3-21　对中误差

由式（3-21）可知，此项影响与仪器的偏心距 e 的大小成正比，而与测站至目标的距离成反比。当 $e = 3$ mm，$D_1 = D_2 = 100$ m 及 50 m 时，$\Delta\beta$ 分别为 12.4″ 和 24.8″。显然，在短边上测角时，尤其应注意仪器对中。

3. 目标偏心误差

如图 3-22 所示，由于目标偏斜，因此目标照准位置 A' 与目标点 A 偏离，偏心距为 e_1，造成应有角值 β 与实测角值 β' 之间产生目标偏心误差

$$\delta_1 = \beta - \beta' = \frac{e_1}{d_1}\rho'' \tag{3-22}$$

式中，$\rho'' = 206\ 265''$。

由式（3-22）可知，此项误差与对中误差类似，即与目标的偏心距 e_1 成正比，与边长 d_1 成反比。当 $e_1 = 1$ cm，$d_1 = 100$ m 及 50 m 时，δ_1 分别为 20″ 和 40″。所以，应尽量瞄准目标的底部，短边测角时，更应注意减小目标的偏心。

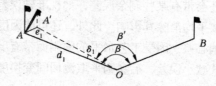

图 3-22　目标偏心误差

4. 照准误差

望远镜的放大倍率为 V，人眼的分辨率为 $60''$，则照准误差为

$$m_V = \pm \frac{60''}{V} \qquad (3-23)$$

设 $V = 30$，则照准误差 $m_V = \pm 2.0''$。

5. 读数误差

光学经纬仪的读数误差一般为测微器最小格值的 $\frac{1}{10}$，如 DJ_6 型经纬仪分微尺测微器格值为 $1'$，则其读数误差为 $\pm 6''$。

（三）外界条件影响的误差

1. 旁折光影响

阳光照射建筑物或山坡，经反射会使附近的大气产生气温梯度，从而使靠近建筑物或山坡的视线在水平方向产生折射。如图 3-23 所示，视线由原直线 AC 变为弧线，其夹角 δ 即为旁折光对方向观测值造成的影响。因此，观测时至少应使视线离开建筑物或山坡 1 m。

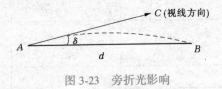

图 3-23 旁折光影响

2. 其他因素的影响

大风和土壤的松软影响仪器的稳定，日晒和温度的变化影响水准管气泡的居中，大气层受地面的热辐射引起目标影像跳动，视线通过水域上空受蒙气的影响，电子仪器在高压线或变电所附近受电磁波的干扰，这些都会给观测成果带来误差，所以应尽量选择微风少云、空气清新、成像稳定的天气及良好的作业时间进行观测。

二、竖直角测量误差及消减措施

竖直角测量误差的构成和产生原因与水平角测量误差的基本相同。在仪器误差中主要是竖盘指标差，可采用盘左、盘右取平均的方法加以消除。观测误差中的照准误差和读数误差与水平角测量的观测误差相类似。读数前，除应认真进行指标水准管的整平外，还应注意打伞保护仪器，减小指标水准管的整平误差。外界条件的影响和水平角测量误差有所不同的是，大气折光对竖直角测量主要产生垂直折光的影响，故在进行竖直角观测时，应使视线离开地面 1 m 以上，避免从水域上方通过，并尽可能采用对向观测取平均的方法，减少误差。

思 考 题

1. 用 DJ$_6$ 型经纬仪按测回法测水平角，观测数据如图 3-24 所示，按表 3-5 进行记录和计算，并说明是否符合要求。

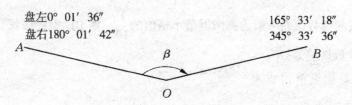

盘左0° 01′ 36″ 165° 33′ 18″
盘右180° 01′ 42″ 345° 33′ 36″

图 3-24 思考题 1 图

表 3-5 水平角观测手簿(测回法)

测站	目标	竖盘位置	水平度盘读数 /(° ′ ″)	半测回角值 /(° ′ ″)	一测回角值 /(° ′ ″)	备注
		左				
		右				

2. 方向观测法(DJ$_2$)观测水平角(图 3-25)，两个测回的观测数据已填入表 3-6 内，试完成所有计算。

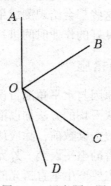

图 3-25 思考题 2 图

表 3-6　水平角观测手簿(方向观测法)

测回数	测站	照点	盘左读数 /(°′″)	盘右读数 /(°′″)	2c /(″)	$\frac{L+(R\pm180°)}{2}$ /(°′″)	一测回归零方向值 /(°′″)	各测回归零方向平均值 /(°′″)	角值 /(°′″)
1	O	A	00 00 22	180 00 18					
		B	60 11 16	240 11 09					
		C	131 49 38	311 49 21					
		D	167 34 38	347 34 06					
		A	00 00 27	180 00 13					
2	O	A	90 02 30	270 02 26					
		B	150 13 26	330 13 18					
		C	221 51 42	41 51 26					
		D	257 36 30	11 36 21					
		A	90 02 36	270 02 15					

3. 用 DJ_6 型经纬仪分别观测目标点 A、B 的竖直角(图 3-26),读数已填入表 3-7 内,试完成其计算。

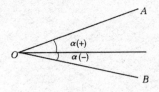

图 3-26　思考题 3 图

表 3-7　竖直角观测手簿

测站	目标	竖盘位置	竖盘读数 /(°′″)	半测回竖直角值 /(°′″)	一测回竖直角值 /(°′″)	指标差 /(″)
O	A	左	76 18 18			
		右	283 41 24			
	B	左	92 32 24			
		右	267 27 48			

4. 水平角测量和竖直角测量有何相同点和不同点?

5. 简述测回法和方向观测法的观测步骤。两种方法各有哪些限差？$2c$ 和 $2c$ 互差有何区别？比较 $2c$ 互差有何作用？进行 n 个测回的水平角测量，应配置各测回水平度盘的起始读数，使其递增多少，其目的是什么？如何配置水平度盘的读数？

6. 经纬仪主要轴线之间应满足的几何条件是什么？各起什么作用？

7. 经纬仪的检验包括哪些内容？视准轴误差的检验如何进行？横轴误差检验和视准轴误差检验有何相同点和不同点，为什么？

8. 竖盘指标差如何检验？竖盘指标自动归零补偿器有何作用？使用时应注意什么？

9. 简述电子光栅度盘测角和光栅动态测角的原理。

10. 角度测量有哪些主要误差？观测过程中要注意哪些事项？

第四章　测量误差的基本知识

学习目标

1. 了解测量误差的来源及分类
2. 熟悉偶然误差统计特性
3. 理解评定观测值精度的标准
4. 掌握误差传播定律及应用

研究测量误差的来源、性质及其产生和传播的规律，解决测量工作中遇到的实际问题而建立起来的概念和原理的体系，称为测量误差理论。

在实际的测量工作中发现，当对某个确定的量进行多次观测时，所得到的各个结果之间往往存在着一些差异，例如重复观测两点的高差，或者是多次观测同一个角或测量若干次同一段距离，其结果都有差异。另一种情况是，当对若干个量进行观测时，如果已经知道在这几个量之间应该满足某一理论值，那么实际观测结果往往不等于其理论上的应有值。例如，一个平面三角形的内角和等 180°，但三个实测内角的结果之和并不等于 180° 而是有一些差异，这些差异称为不符值。这种差异是测量工作中经常而又普遍发生的现象，这是由于观测值中包含各种误差。

> **小 贴 士**
>
> 任何测量都是利用特制的仪器、工具进行的，由于每一种仪器都只具有一定限度的精密度，因此测量结果的精确度受到一定的限制。且各个仪器本身也有一定的误差，使测量结果产生误差。测量是在一定的外界环境条件下进行的，客观环境包括温度、湿度、风力、大气折光等。客观环境的差异和变化也使测量的结果产生误差。测量是由观测者完成的，人的感觉器官的鉴别能力有一定的限度，人们在仪器的安置、照准、读数等方面都会产生误差。此外，观测者的工作态度、操作技能也会对测量结果的质量(精度)产生影响。

在测量工作中，对某量(如某一个角度、某一段距离或某两点间的高差等)进行多次观测，所得到的观测结果总是存在着差异，这种差异表现为每次测量所得的观测值与该量的真值之间的差值，这种差值称为测量真误差。若某观测值真误差用 Δ_i 表示，观测值用 L_i 表示，真值用 X 表示，即

$$\Delta_i = L_i - X \tag{4-1}$$

第一节　测量误差的来源及分类

一、测量误差的来源

观测值中存在观测误差的原因分为以下三种。

1. 观测者

由于观测者感觉器官鉴别能力的局限性，在仪器安置、照准、读数等工作中都会产生误差。同时，观测者的技术水平及工作态度也会对观测结果产生影响。

2. 测量仪器

测量工作所使用的测量仪器都具有一定的精密度，从而使观测结果的精度受到限制。另外，仪器本身构造上的缺陷也会使观测结果产生误差。

3. 外界观测条件

外界观测条件是指野外观测过程中，如天气的变化、植被的不同、地面土质松紧的差异、

地形的起伏、周围建筑物的状况，以及太阳光线的强弱、照射的角度大小等外界条件因素。

二、测量误差的分类

观测误差按其性质可分为系统误差、偶然误差和粗差。

1. 系统误差

在相同的观测条件下，对某量进行一系列的观测，若观测误差的符号及大小保持不变（或按一定的规律变化），那么这种误差称为系统误差。这种误差往往随着观测次数的增加而逐渐积累。如某钢尺的注记长度为 30 m，经鉴定后，它的实际长度为 30.016 m，即每量一整尺，就比实际长度量小 0.016 m，也就是每量一整尺段就有 +0.016 m 的系统误差。这种误差的数值和符号是固定的，误差的大小与距离成正比，若测量了五个整尺段，则长度误差为 5×(+0.016)= +0.080 m。若用此钢尺测量结果为 167.213 m，则实际长度为

$$167.213+167.213×0.016/30 = 167.213+0.089 = 167.302 (m)$$

系统误差对测量成果影响较大，且一般具有累积性，应尽可能消除或限制到最低程度，常用的处理方法如下：

①检校仪器，把系统误差降低到最小。

②加改正数，在观测结果中加入系统误差改正数，如尺长改正等。

③采用适当的观测方法，使系统误差相互抵消或减小，如测水平角时采用盘左、盘右在每个测回起始方向上改变度盘的配置等。

2. 偶然误差

偶然误差的产生取决于观测进行中的一系列不可能严格控制的因素（如湿度、温度、空气振动等）的随机扰动。在同一条件下获得的观测列中，其数值、符号不定，表面上看起来没有规律性，实际上是服从一定的统计规律的。随机误差又可分为两种：一种是误差的数学期望不为零，称为"随机性系统误差"；另一种是误差的数学期望为零，称为偶然误差。这两种随机误差经常同时发生，需根据最小二乘法原理加以处理。

3. 粗差

粗差是一些不确定因素引起的误差。国内外学者在粗差的认识上还未有统一的看法，目前的观点主要有几类：一类是将粗差看作与偶然误差具有相同的方差，但期望值不同；另一类是将粗差看作与偶然误差具有相同的期望值，但其方差的差别十分巨大；还有一类是认为偶然误差与粗差具有相同的统计性质，但有正态与病态的不同。以上理论均是建立在把偶然误差和粗差均归属于连续型随机变量的范畴的基础上。还有一些学者认为粗差属于离散型随机变量。

小贴士

　　当观测值中剔除了粗差，排除了系统误差的影响，或者与偶然误差相比系统误差处于次要地位时，占主导地位的偶然误差就成了我们研究的主要对象。从单个偶然误差来看，其出现的符号和大小没有一定的规律性；但对大量的偶然误差进行统计分析，就能发现其规律性，误差个数越多，规律性越明显。

第二节 偶然误差统计特性

一、偶然误差统计特性

就单个偶然误差而言，它的大小和符号均没有规律性；但就总体而言，却呈现出一定的统计规律性。

真误差为观测值和真值之间的差值。下面通过事例来进行说明。

在某测区，在相同的条件下，独立地观测 358 个三角形的全部内角，由于观测值含有误差，各三内角观测值之和不等于其真值 180°。由式(4-1)可知，三角形内角和的真误差可计算为

$$\Delta_i = 180° - (L_1 + L_2 + L_3) \quad (i = 1,\ 2,\ \cdots,\ n) \qquad (4-2)$$

式中　$(L_1 + L_2 + L_3)$——各三角形内角观测值之和。

现取误差区间 $d\Delta = 2''$ 的间隔，将其按绝对值大小排列。统计出在各区间内的正负误差个数，列成误差频率分布表。出现在某区间的误差的个数称为频数，用 k 表示。频数除以误差的总个数 n 得 k/n，称此为误差在该区间的频率。为更加直观地表现，根据表的数据画出直方图。横坐标表示正负误差的大小，纵坐标表示各区间内误差出现的频率 $y = k/n$ 除以区间的间隔 $d\Delta$，统计结果见表 4-1。由该表看出，该组误差具有如下规律：小误差比大误差出现的机会多；绝对值相等的正、负误差出现的个数相近；最大的误差不超过一定的限值。

表 4-1　误差频率分布

误差区间 dΔ	+Δ						备注
	k	k/n	$k/(n \cdot d\Delta)$	k	k/n	$k/(n \cdot d\Delta)$	
$0'' \sim 2''$	45	0.126	0.063 0	46	0.128	0.064 0	
$2'' \sim 4''$	40	0.112	0.056 0	41	0.115	0.057 5	
$4'' \sim 6''$	33	0.092	0.046 0	33	0.092	0.046 0	
$6'' \sim 8''$	23	0.064	0.032 0	21	0.059	0.029 5	
$8'' \sim 10''$	17	0.047	0.028 0	16	0.045	0.022 5	
$10'' \sim 12''$	13	0.036	0.018 0	13	0.036	0.018 0	$d\Delta = 2''$
$12'' \sim 14''$	6	0.017	0.008 5	5	0.014	0.007 0	
$14'' \sim 16''$	4	0.011	0.005 5	2	0.006	0.003 0	
$16''$ 以上	0	0	0	0	0	0.000	
Σ	181	0.505		177	0.495		

由偶然误差统计特性可知，当对某量有足够多的观测次数时，其正负误差可以相互抵消。因此，可采用多次观测方式，并取其算术平均值的方法来减小偶然误差对观测结果的影响。

通过大量的实践，可以总结出偶然误差具有如下四个统计特性：

①在一定的观测条件下，偶然误差的绝对值不超过一定的限值。

②绝对值小的误差比绝对值大的误差出现的概率大。

③绝对值相等的正、负误差出现的机会相等。

④随着观测次数无限增加，偶然误差的算术平均值趋近于零，即

$$\lim_{n \to \infty} \frac{\sum\limits_{i=1}^{n} \Delta_i}{n} = \lim_{n \to \infty} \frac{[\Delta]}{n} = 0 \tag{4-3}$$

式中 n——观测次数；

$[\Delta]$——求和。

上述第四个特性说明，偶然误差具有抵偿性，它是由第三个特性导出的。

掌握了偶然误差的特性，就能根据带有偶然误差的观测值求出未知量的最可靠值，并衡量其精度。同时，也可应用误差理论来研究最合理的测量工作方案和观测方法。

二、正态分布在误差分析中的意义

从图4-1（a）可以看出偶然误差的分布情况。图中横坐标表示误差的大小，纵坐标表示各区间误差出现的频率除以区间的间隔值。当误差个数足够多时，如果将误差的区间间隔无限缩小，则图中各长方形顶边所形成的折线将变成一条光滑的曲线，称为误差分布曲线。在概率论中，把这种误差分布称为正态分布。

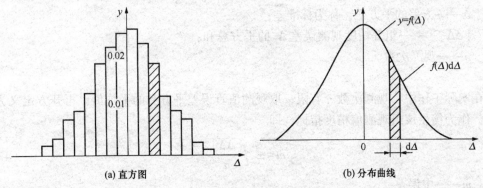

(a) 直方图   (b) 分布曲线

图4-1 频率直方图

观测值偏离真值的程度称为观测值的准确度。系统误差对观测值的准确度有较大的影响，故必须按照系统误差的性质和特点对观测成果进行处理。在一定观测条件下对应的一组误差分布，如果该组误差总体来说偏小，如图4-1（b）中 $f(\Delta)$ 曲线峰值较高，误差分布就较集中；反之，$f(\Delta)$ 分布就较分散。所以误差分布的离散程度反映了观测结果精度高低，其分布越集中，则观测结果的精度越高，反之越低。通常由偶然误差大小和分布状态评定成果的精度。

第三节　评定观测值精度的标准

精度是指对某个量进行多次同精度的观测过程中，其偶然误差分布的密集程度或离散程度。

由于精度是表征误差的特征，而观测条件又是造成误差的主要来源，因此，在相同观测条件下进行的一组观测，尽管每一个观测值称的真误差不一定相等，但它们都对应着同一个误差分布，即对应着同一个标准差。这组观测称为等精度观测，所得到的观测值称为等精度观测值。如果仪器的精度不同，或观测方法不同，或外界条件变化较大，就属于不等精度观测，所对应的观测值就是不等精度观测值。

为了衡量观测结果精度的高低，必须有一个衡量精度的统一指标，下面介绍几种常用的衡量精度的指标。

一、中误差

在相同的观测条件下，对某量进行多次观测，得到一组等精度的独立观测值 L_1，L_2，…，L_n，每个观测值的真误差为 Δ_1，Δ_2，…，Δ_n，方差 σ^2 的定义为

$$\sigma^2 = \lim_{n \to \infty} = \frac{[\Delta\Delta]}{n} \tag{4-4}$$

式中　σ——方差的平方根，称为标准差；

　　　$[\Delta\Delta]$——一组等精度观测误差 Δ_i 的平方总和；

　　　n——观测次数。

在实际工作中，观测次数 n 有限，取观测值真误差平方和的平均值，再开方定义为中误差，作为衡量该组观测值精度指标，即

$$m = \pm\sqrt{\frac{[\Delta\Delta]}{n}} \tag{4-5}$$

式中　m——中误差。

标准差 σ 要求 $n \to 8$，中误差 m 是 n 有限时求得的标准差估值，当 $n \to \infty$ 时，中误差 m 接近标准差 σ。中误差 m 值较小，表明误差的分布较为密集，各观测值之间的差异也较小，这组观测的精度就高；反之，中误差 m 值较大，表明误差的分布较为离散，观测值之间的差异也大，这组观测的精度就低。

当观测量的真值未知时，计算多次等精度观测值 L_1，L_2，…，L_n 的算术平均值 L 为

$$\bar{L} = \frac{L_1 + L_2 + \cdots + L_n}{n} = \frac{[L]}{n} \tag{4-6}$$

利用偶然误差算术平均值趋近于零的特性，算术平均值 L 比任一观测值更接近于真值，把最接近于真值的近似值称为最或然值或称为最可靠值。令

$$v_i = \bar{L} - L_i \quad (i = 1, 2, \cdots, n) \tag{4-7}$$

式中　v_i——观测值的改正数，在本节将证明其总和等于零。

此时，用观测值的改正数计算中误差公式应为

$$m = \pm \sqrt{\frac{[vv]}{n-1}} \qquad (4-8)$$

式中　n——观测次数；

　　　v——改正数，即算术平均值 $\bar{L}$ 与各观测值 L_i 之差。

式(4-8)是用观测值的改正数即最或然误差计算观测值中误差最常用的实用公式，又称白塞尔公式。

【例4-1】设用经纬仪测量某角5次，观测值列于表4-2中，求观测值的中误差。

表4-2　角度中误差计算

观测次数	观测值 L	$\Delta = L - L_0$	$v = x - L$	vv	计算
1	56°32′20″	+20	−14	196	
2	56°32′00″	00	+6	36	$x = L_0 + \dfrac{\sum\limits_{i=1}^{5} \Delta L}{5} = 56°32′00″$
3	56°31′40″	−20	+26	676	校核 $\sum\limits_{i=1}^{5} v = 0$
4	56°32′00″	0	+6	36	
5	56°32′30″	30	00−24	576	$m = \pm \sqrt{\dfrac{\sum\limits_{i=1}^{5} v^2}{n-1}} = \sqrt{\dfrac{1\,520}{5-1}}$
	$L_0 = 56°32′00′$	+30	−200	+1 520	$= \pm 19.49″$

二、容许误差

由偶然误差的第一特性可知，在一定的观测条件下，偶然误差的绝对值不会超过一定的限值，这个限值就是容许误差(又称极限误差)。此限值有多大呢？根据误差理论和大量的实践证明，在一系列的同精度观测误差中，真误差绝对值大于中误差的概率约为32%；大于2倍中误差的概率约为5%；大于3倍中误差的概率约为0.3%。也就是说，大于3倍中误差的真误差几乎是不可能出现的，因此通常以3倍中误差作为偶然误差的极限值。在测量工作中一般取2倍中误差作为观测值的容许误差，即

$$\Delta_{容} = 2m \qquad (4-9)$$

💡 **小 贴 士**

当某观测值的误差超过了容许的2倍中误差时，认为该观测值含有粗差，而应舍去不用或重测。

三、相对误差

对于某些观测结果，有时单靠中误差还不能完全反映观测精度的高低。例如，分别测量了100 m和200 m两段距离，中误差均为±0.02 m。虽然两者的中误差相同，但就单位

长度而言，两者精度并不相同，后者显然优于前者。为了客观反映实际精度，常采用相对误差。

观测值中误差 m 的绝对值与相应观测值 D 的比值称为相对中误差。它是一个无名数，常用分子为 1 的分数表示，即

$$K = \frac{|m|}{D} = \frac{1}{\dfrac{D}{|m|}} \tag{4-10}$$

上例中前者的相对中误差为 $\dfrac{1}{5\ 000}$，后者为 $\dfrac{1}{10\ 000}$，表明后者精度高于前者。

真误差或容许误差有时也用相对误差来表示。例如，距离测量中往返测的较差与往返测距离平均值之比就是所谓的相对真误差，即

$$\frac{|D_{往} - D_{近}|}{D_{平均}} = \frac{1}{\dfrac{D_{平}}{\Delta D}}$$

与相对误差对应，真误差、中误差、容许误差都是绝对误差。

第四节　误差传播定律及应用

在测量工作中，有些未知量不能直接测量，或者是不便于直接测量，而是需要利用直接测定的观测值按一定的公式计算出来，如高差 $h = a - b$，就是直接观测值 a、b 的函数。若已知直接观测值 a、b 的中误差 m_a、m_b 后，求出函数 h 的中误差 m_h，即为观测值函数的中误差。

一、线性函数

$$F = K_1 x_1 \pm K_2 x_2 \pm \cdots \pm K_n x_n \tag{4-11}$$

式中　F——线性函数；

　　　K_1——常数；

　　　x_1——观测值。

设：x_1 的中误差为 m_1，函数 F 的中误差为 m_F，经推导得

$$m_F^2 = (K_1 m_1)^2 + (K_2 m_2)^2 + \cdots + (K_n m_n)^2 \tag{4-12}$$

即观测值函数中误差的平方等于常数与相应观测值中误差乘积的平方和。

二、非线性函数

$$Z = F(x_1, \ x_2, \ \cdots, \ x_n) \tag{4-13}$$

其分微分为

$$dZ = \frac{\partial F}{\partial x_1} dx_1 + \frac{\partial F}{\partial x_2} dx_2 + \cdots + \frac{\partial F}{\partial x_n} dx_n$$

$$\Delta Z = \frac{\partial F}{\partial x_1} \Delta x_1 + \frac{\partial F}{\partial x_2} \Delta x_2 + \cdots + \frac{\partial F}{\partial x_n} \Delta x_n$$

可写成

$$\Delta Z = f_1 \Delta x_1 + f_2 \Delta x_2 + \cdots + f_n \Delta x_n$$

其相应的函数中误差式为

$$m_Z^2 = f_1^2 m_1^2 + f_2^2 m_2^2 + \cdots + f_n^2 m_n^2$$

即

$$m_Z = \pm \sqrt{\left(\frac{\partial F}{\partial x_1}\right)^2 m_1^2 + \left(\frac{\partial F}{\partial x_2}\right)^2 m_2^2 + \cdots + \left(\frac{\partial F}{\partial x_n}\right)^2 m_n^2} \qquad (4-14)$$

【例 4-2】在 1∶500 比例尺地形图上，量得 A、B 两点间的距离 $S = 163.6$ mm，其中误差为 m_S。求 A、B 两点实地距离 D 及其中误差 m_D。

【解】

$$D = MS = 500 \times 163.6 \text{ mm} = 81.8 \text{ m}(M \text{ 为比例尺分母})$$

$$m_D = Mm_S = 500 \times 0.2 \text{ mm} = \pm 0.1 \text{ m}$$

所以

$$D = 81.1 \pm 0.1 \text{ m}$$

【例 4-3】在三角形 ABC 中，$\angle A$ 和 $\angle B$ 的观测中误差 m_A 和 m_B 分别为 ±3″ 和 ±4″，试推算 $\angle C$ 的中误差 m_C。

【解】

$$\angle C = 180° - (\angle A + \angle B)$$

因为 180° 是已知数，没有误差，则

$$m_C^2 = m_A^2 + m_B^2$$

所以

$$m_C = \pm 5″$$

【例 4-4】某水准路线各测段高差的观测值中误差分别为 $h_1 = 18.316$ m±5 mm，$h_2 = 8.171$ m±4 mm，$h_3 = -6.625$ m±3 mm，试求总的高差及其中误差。

【解】

$$h = h_1 + h_2 + h_3 = 15.316 + 8.171 - 6.625 = 16.862 \text{(m)}$$

$$m_h^2 = m_1^2 + m_2^2 + m_3^2 = 5^2 + 4^2 + 3^2$$

$$m_h = \pm 7.1 \text{ mm}$$

所以

$$h = 16.882 \text{ m} \pm 7.1 \text{ mm}$$

【例 4-5】设对某一未知量 P 在相同观测条件下进行多次观测，观测值分别为 L_1，L_2，$\cdots$，L_n，其中误差均为 m，求算术平均值 x 的中误差 M。

【解】

$$x = \frac{\sum\limits_{i=1}^{n} L}{n} = L_1 + L_2 + \cdots + L_n$$

式中 $\dfrac{1}{n}$——常数。

根据式(4-14)，算术平均值的中误差为

$$M^2 = \left(\frac{1}{n} m_1\right)^2 + \left(\frac{1}{n} m_2\right)^2 + \cdots + \left(\frac{1}{n} m_n\right)^2$$

因为 $m_1 = m_2 = \cdots = m_n = m$，得

$$M = \pm \frac{m}{\sqrt{n}} \qquad (4-15)$$

从公式中可知，算术平均值中误差是观测值中误差的 $\frac{1}{\sqrt{n}}$ 倍，观测次数越多，算术平均值的误差越小，精度越高。但精度的提高仅与观测次数的平方根成正比，当观测次数增加到一定次数后，精度就提高得很少，所以增加观测次数要适可而止。

【例4-6】表4-2中，观测次数 $n = 5$，观测值中误差 $m = \pm 19.5''$，求算术平均值的中误差。

【解】

$$M = \pm \frac{m}{\sqrt{n}} = \frac{19.5}{\sqrt{5}} = \pm 8.7''$$

【例4-7】三角形的三个内角之和在理论上等于 $180°$，而实际上由于观测时的误差影响，三内角之和与理论值会有一个差值，这个差值称为三角形闭合差。

【解】设等精度观测 n 个三角形的三内角分别为 a_i、b_i 和 c_i，其测角中误差均为 $m_\beta = m_a = m_b = m_c$，各三角形内角和的观测值与真值 $180°$ 之差为三角形闭合差 $f_{\beta 1}$，$f_{\beta 2}$，…，$f_{\beta i}$，即真误差，其计算关系式为

$$f_{\beta i} = a_i + b_i + c_i - 180°$$

根据式（4-12）得中误差关系式为

$$m_{f_\beta}^2 = m_a^2 + m_b^2 + m_c^2 = 3m_\beta^2$$

所以

$$m_{f_\beta} = \pm m_\beta \sqrt{3}$$

由此得测角中误差为

$$m_\beta = \pm \frac{m_{f_\beta}}{\sqrt{3}}$$

按中误差定义，三角形闭合差的中误差为

$$m_{f_\beta} = \pm \sqrt{\frac{\sum\limits_{i=1}^{n} f_{\beta_i}^2}{n}}$$

将此式代入上式得

$$m_\beta = \pm \sqrt{\frac{\sum\limits_{i=1}^{n} f_{\beta_i}^2}{3n}} \qquad (4-16)$$

式（4-16）称为菲列罗公式，是小三角测量评定测角精度的基本公式。

第五节 不等精度直接观测平差

在对某未知量进行不等精度观测时，由于各观测值的中误差不相等，各观测值便具有不同的可靠性，在求未知量的最可靠值时，就不能像等精度观测值那样简单地取算术平均值进行求解。

一、权

首先看个例子。用相同仪器和方法观测某未知量，分两组进行观测，第一组观测 2 次，第二组观测 4 次，其观测值与中误差见表 4-3。

表 4-3 某未知量的观测值和中误差

组别	观测值	观测值中误差 m	平均值 L	平均值中误差 M
第一组	l_1 l_2	m_1 m_2	$L_1 = \dfrac{1}{2}(l_1+l_2)$	$M_1 = +\dfrac{m}{\sqrt{2}}$
第二组	l_3 l_4 l_5 l_6	m_3 m_4 m_5 m_6	$L_2 = \dfrac{1}{4}(l_3+l_4+l_5+l_6)$	$M_2 = \pm\dfrac{m}{\sqrt{4}}$

由于是不等精度观测，所以测量的结果不能简单地等于 L_1 和 L_2 的平均值，而应该为

$$L = \frac{l_1+l_2+l_3+l_4+l_5+l_6}{6} = \frac{2L_1+4L_2}{2+4} \tag{4-17}$$

从不等精度观测的观点来看，观测值 L_1 是 2 次观测的平均值，L_2 是 4 次观测的平均值，所以 L_1 和 L_2 的可靠性不一样。本例中，可取 2 和 4 反映出它们两者的轻重分量，以示区别。

由上面的例子可以看出，对于不等精度观测，各观测值的配置比最合理的是随观测值精度的高低成比例增减。为此，将权衡观测值之间精度高低的相对值称为权。权通常用字母 P 表示，且恒取正值。观测值精度越高，它的权就越大，参与计算最或然值的比重也越大。一定的观测条件对应着一定的观测值中误差，观测值中误差越小，其值越可靠，权就越大。因此，可以通过中误差来确定观测值的权。设不等精度观测值的权分别为 m_1，m_2，…，m_n，则权的计算公式为

$$P_i = \frac{\lambda}{m_i^2} \tag{4-18}$$

式中　λ——比例常数，可以取任意正数，但一经选定，同组各观测值的权必须用同一个 λ 值计算，选择适当的 λ 值，可以使权得到易于计算的数值。

【例 4-8】以不等精度观测某水平角，各观测值的中误差为 $m_1 = \pm 2.0''$，$m_2 = \pm 3.0''$，$m_3 = \pm 6.0''$，求各观测值的权。

【解】根据权的计算式（4-18）可得

$$P_1 = \frac{\lambda}{m_1^2} = \frac{\lambda}{4}, \quad P_2 = \frac{\lambda}{m_2^2} = \frac{\lambda}{9}, \quad P_3 = \frac{\lambda}{m_3^2} = \frac{\lambda}{36}$$

令 $\lambda = 1$，则

$$P_1 = \frac{1}{4}, \quad P_2 = \frac{1}{9}, \quad P_3 = \frac{1}{36}$$

令 $\lambda = 4$，则

$$P_1 = 1, \quad P_2 = \frac{4}{9}, \quad P_3 = \frac{1}{9}$$

令 $\lambda = 36$，则

$$P_1 = 9, \quad P_2 = 4, \quad P_3 = 1$$

通过此例可以看出，尽管各组的 λ 值不同，导致各观测值的权的大小也随之变化。但各组中，权之间的比值却并未变化。因此，权只有相对意义，起作用的不是权本身的绝对值大小，而是它们之间的比值关系。

$P = 1$ 的权称为单位权，$P = 1$ 的观测值称为单位权观测值，单位权观测值的中误差称为单位权中误差，常用 μ 来表示。令 $\lambda = \mu^2$，则权的定义公式又可以改写为

$$P_i = \frac{\mu^2}{m_i^2} \tag{4-19}$$

式(4-8)是观测值中误差的表达式，将之代入上式，得

$$\mu = \pm \sqrt{\frac{[Pv^2]}{n-1}} \tag{4-20}$$

式中　v——观测值改正数。

二、加权平均值及其中误差

不等精度观测时，各观测值的可靠程度不同，必须采用加权平均的方法来求解观测值的最或然值。

对某未知量进行了 n 次不等精度观测，观测值分别为 l_1，l_2，$\cdots$，l_n，其相应的权分别为 P_1，P_2，$\cdots$，P_n，则加权平均值 x 的定义表达式为

$$x = \frac{P_1 l_1 + P_2 l_2 + \cdots + P_n l_n}{P_1 + P_2 + \cdots + P_n} = \frac{[Pl]}{[P]} \tag{4-21}$$

下面推导加权平均值的中误差 M_x。

根据式(4-21)表述的加权平均值，有

$$x = \frac{P_1 l_1 + P_2 l_2 + \cdots + P_n l_n}{P_1 + P_2 + \cdots + P_n} = \frac{[Pl]}{[P]}$$

利用误差传播定律的公式，可得

$$M_x^2 = \left(\frac{P_1}{[P]}\right)^2 m_1^2 + \left(\frac{P_2}{[P]}\right)^2 m_2^2 + \cdots + \left(\frac{P_n}{[P]}\right)^2 m_n^2 \tag{4-22}$$

根据式(4-18)，有

$$M_x^2 = \frac{\lambda}{P_x} \tag{4-23}$$

$$m_i^2 = \frac{\lambda}{P_i} \tag{4-24}$$

将式(4-23)、式(4-24)代入式(4-22)，整理后可得

$$P_x = [P] \tag{4-25}$$

即加权平均值的权等于各观测值的权之和。

通过式(4-23)和式(4-25)，可得加权平均值中误差的表达式为

$$M_x = \pm \frac{\mu}{\sqrt{[P]}} \qquad (4-26)$$

实际测量工作中，常用改正数 v_i 来计算加权平均值中误差 M_x。因此将式(4-20)代入，可以得到中误差 M_x 的另外一个常用表达式

$$M_x = \pm \sqrt{\frac{[Pv^2]}{[P](n-1)}} \qquad (4-27)$$

【例4-9】对某水平角进行两组不等精度观测，第一组观测四测回，平均值 $\beta_1 = 56°30'24''$，每测回中误差为 $\pm 18''$；第二组观测九测回，平均值 $\beta_2 = 56°30'16''$，每测回中误差为 $\pm 12''$。试求该水平角的最或然值。

【解】根据式(4-15)，可得

$$M_{\beta_1} = \pm \frac{18''}{\sqrt{4}} = \pm 9''$$

$$M_{\beta_2} = \pm \frac{12''}{\sqrt{9}} = \pm 4''$$

按式(4-18)，并取 $\lambda = 1\ 296$，求各组的权，可得

$$P_1 = \frac{\lambda}{\mu_{\beta1}^2} = \frac{1\ 296}{9^2} = 16$$

$$P_2 = \frac{\lambda}{\mu_{\beta2}^2} = \frac{1\ 296}{4^2} = 81$$

将各组观测值和其权值代入式(4-21)，求得水平角最或然值为

$$\beta_0 = \frac{[Pl]}{P} = 56°30'00'' + \frac{16 \times 24'' + 81 \times 16''}{16 + 81} = 56°30'17''$$

【例4-10】在水准测量中，从三个已知高程控制点 A、B、C 出发观测 O 点高程，各高程观测值 H_i 及各水准路线长度 L_i 见表4-4。求 O 点高程的最或然值 H_O 及其中误差 M_O。

表4-4　高程观测值及水准路线长度

测段	O 点高程观测值	路线长度 L_i/m	权 $P_i = 1/L_i$	改正数 v/mm	Pv^2
$A \sim O$	128.542	2.5	0.40	−5.0	10.0
$B \sim O$	128.538	4.0	0.25	−1.0	0.25
$C \sim O$	128.532	2.0	0.50	+5.0	12.5
			$[P] = 1.15$		$[Pv^2] = 22.75$

【解】取路线长度 L_i 的倒数乘以常数 C 为观测值的权(证明从略)，并令 $C = 1$，则可完成表中相关内容计算。

根据式(4-21)，O 点高程最或然值 H_O 为

$$H_O = \frac{[Pl]}{[P]} = \frac{0.4 \times 128.542 + 0.25 \times 128.538 + 0.50 \times 128.532}{0.4 + 0.25 + 0.50} = 128.537\ (\text{m})$$

根据式(4-27)，单位权中误差为

$$\mu = \pm \sqrt{\frac{[Pv^2]}{n-1}} = \pm \sqrt{\frac{22.75}{3-1}} = \pm 3.4\ (\text{mm})$$

再根据式(4-26)，可得最或然值中误差为

$$M_O = \pm \frac{\mu}{\sqrt{[P]}} = \pm \frac{3.4}{\sqrt{1.15}} = \pm 3.2(\text{mm})$$

思 考 题

1. 研究测量误差的任务是什么？

2. 测量误差分为哪几类？它们各有什么特点？

3. 为什么观测结果中一定存在误差？误差如何分类？

4. 偶然误差与系统误差有哪些不同？偶然误差有哪些特性？

5. 试阐述偶然误差的主要特性。

6. 什么是标准差、中误差和极限误差？

7. 什么是等精度观测？什么是不等精度观测？

8. 对某直线测量了 6 次，观测结果分别为 246.535 m、246.548 m、246.520 m、246.529 m、246.550 m、246.537 m，试计算其算术平均值、一次测量的中误差、算术平均值的中误差及相对误差。

9. 在水准测量中，表 4-5 所列情况对水准尺读数带来误差，试判别误差的性质及其符号。

表 4-5　误差的来源、性质及符号

误差来源	误差性质	误差符号
水准仪的水准管轴不平行于视准轴		
估读最小分划不准		
符合气泡居中不准		
水准仪下沉		
水准尺下沉		
水准尺倾斜		

10. 用 J6 级经纬仪观测某个水平角四测回，其观测值分别为 68°32′18″、68°31′54″、68°31′42″、68°32′06″，试求观测一测回的中误差、算术平均值及其中误差。

11. 在 1 : 500 地形图上量取 A、B 两点距离 6 次，得下列结果：57.8 mm、57.4 mm、57.6 mm、57.5 mm、57.4 mm、57.7 mm，求一次测量的中误差及算术平均值中误差，并求出地面距离及相应的中误差。

第五章　大比例尺地形图测绘及应用

学习目标

1. 了解地形图的基本知识
2. 地物和地貌在地形图上的表示方法
3. 理解测图前的准备工作
4. 掌握大比例尺地形图测绘
5. 掌握全站仪数字化测图

地球表面高低起伏的形态称为地貌，地球表面上各种天然或人工形成的固定物体称为地物；地物和地貌合称为地形。地形图的测绘是将地球表面某区域内的地物和地貌按正投影的方法和一定的比例尺，用规定的图式符号测绘到图纸上，这种表示地面点的平面位置和地面起伏的图称为地形图；如果仅测绘地物，不表示地面的起伏则称为平面图。

地物和地貌的测绘是以控制点为基础进行的。因此，在测区内首先要建立平面和高程控制网。直接用于测绘地形图的控制点称为图根点，除了测定其平面位置以外，一般还需测定其高程，然后在图根点上测定地物和地貌特征点的位置，并绘制地形图。

虽然也有许多大比例尺地形图是用摄影测量的方法施测，但更多的是用传统的经纬仪测绘法、平板仪测绘法施测的。近年来，全站型电子速测仪得到广泛应用，数字化测图无论是在精度上还是在工作效率上都优于传统的测图方法，大比例尺测图越来越多地采用全站仪数字化测图。

大比例尺地形图主要用于经济建设，是为适应城市和工程建设的需要而施测的。大比例尺地形图所研究的主要问题，就是在局部地区根据工程建设的需要，通过合理的综合取舍，将测区范围内的地物和地貌的空间位置及相互关系真实而准确地测绘到图纸上。

小 贴 士

测绘大比例尺地形图时，在每幅图中图根点应具有的密度，要根据测图比例尺和地形复杂的程度而定。测图的比例尺应按工程性质、设计阶段、规模大小、对地形图精度和内容等要求等进行选择。

测地形图分为白纸测图，亦称模拟测图（analog map）与数字测图（digital map）。

第一节　地形图的基本知识

一、比例尺

比例尺是指图上一段直线的长度与其相应的实地水平长度之比。比例尺分为数字比例尺和图示比例尺两种。

1. 数字比例尺

数字比例尺是用分子为1、分母为整数的分数表示。设图上一段直线的长度为 d，相应的实地水平长度为 D，则该图的比例尺为

$$\frac{d}{D} = \frac{1}{\dfrac{D}{d}} = \frac{1}{M} \tag{5-1}$$

式中　M——比例尺分母。

比例尺大小是根据分数值的大小来确定的，M 越小，此分数值越大，比例尺就越大；反之则越小。

数字比例尺也可以写成 $1 : M$ 的形式，如 $1 : 500$、$1 : 1\ 000$ 等。

2. 图示比例尺

为了便于应用以及减小由于图纸伸缩而引起的使用中的误差，通常在地形图上绘制图示比例尺。

图示比例尺有直线比例尺和斜线比例尺等，如图 5-1 所示。

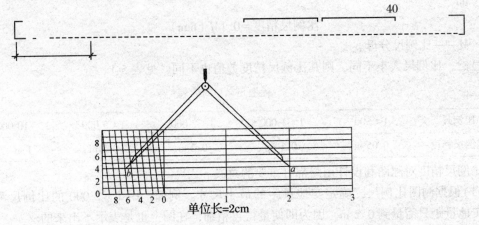

单位长=2cm

图 5-1 图示比例尺

直线比例尺是最常见的图示比例尺，它根据数字比例尺绘制而成。如 1∶1 000 的直线比例尺，取 1 cm 为基本单位，每基本单位所代表的实地长度为 10 m，从直线比例尺上可直接读得基本单位的 1/10，可估读到 1/100。

图示比例尺一般标注在图纸的下方，便于用分规直接在图上量取直线段的水平距离，并可消除图纸伸缩变形的影响。

二、地形图按比例尺分类

地形图按比例尺大小分为大、中、小三种比例尺地形图。

1. 大比例尺地形图

通常把 1∶500、1∶1 000、1∶2 000 和 1∶5 000 比例尺的地形图称为大比例尺地形图。大比例尺地形图通常是通过实测得到的，也可以用低航高的航片或用地面立体摄影测量的方法测绘。

公路、铁路、城市规划、水利等工程普遍使用大比例尺地形图。

2. 中比例尺地形图

把 1∶10 000、1∶25 000、1∶50 000、1∶100 000 比例尺的地形图称为中比例尺地形图。中比例尺地形图目前均为航空摄影测量方法成图。

3. 小比例尺地形图

把小于 1∶100 000，如 1∶200 000、1∶250 000、1∶500 000 等比例尺的地形图称为小比例尺地形图。小比例尺地形图由其他比例尺图编绘而成。

1∶5 000、1∶10 000、1∶25 000、1∶50 000、1∶100 000、1∶250 000、1∶500 000、1∶1 000 000 这八种比例尺地形图称为国家基本比例尺地形图。

三、比例尺精度

人们用肉眼能分辨的图上最小距离为 0.1 mm，即在图纸上当两点间的距离小于 0.1 mm 时，人眼就无法再分辨了。因此把相当于图上 0.1 mm 的实地水平距离称为比例尺精度，即

$$比例尺精度 = 0.1M（mm）\tag{5-2}$$

式中　M——比例尺分母。

显然，比例尺大小不同，则其比例尺精度数值也不同，见表 5-1。

表 5-1　比例尺精度对照表

比例尺	1：500	1：1 000	1：2 000	1：5 000	1：10 000
比例尺精度	0.05 m	0.1 m	0.2 m	0.5 m	1 m

比例尺精度对测图和设计用图都有重要的意义。

(1)根据测图比例尺，确定实地量距的最小尺寸。例如，用 1：2 000 的比例尺测图时，实地量距只需量到 0.2 m，因为即使量得再精细，在图上也是表示不出来的。

(2)根据测图要求，选用大小合适的比例尺。如在测图时要求在图上能反映出地面上 0.05 m 的细节，则所选的比例尺不应小于 1：500。图的比例尺越大，其表示的地物地貌就越详细，精度也越高，但测绘工作量会成倍增加。所以应按城市和工程规划、施工的实际需要选择测图比例尺。

四、地形图的图外注记

地形图在图外注有图名、图号、接合图表、比例尺、图廓、坐标格网、指北针和三北方向线等。

(一)图名、图号和接合图表

1. 图名

地形图的名称即图名，一般用图幅中最具有代表性的地名、景点名、居民地或企事业单位名称命名，图名标在地形图的上方正中位置。如图 5-2 所示地形图，其图名为水集镇。

2. 图号

为便于储存、检索和使用地形图，每张地形图除有图名外，还编有一定的图号，图号是该图幅相应的分幅与编号，图号标在图名正下方。如图 5-2 所示地形图，其图号为 121.0～110.0。

> 小 贴 士
>
> 地形图分幅和编号方法有两种：一种是按经纬线划分为梯形分幅并编号，另一种是按坐标格网划分为正方形和矩形分幅并编号。前者用于中小比例尺的国家基本图的分幅，后者则用于城市或工程建设大比例尺地形图的分幅。

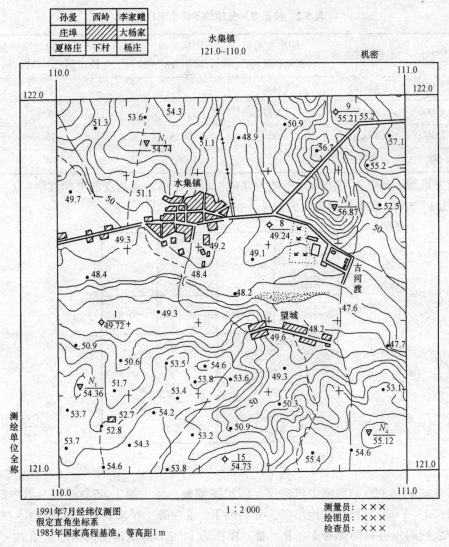

图 5-2　地形图的图名、图号和接合图表

在此仅介绍按坐标格网划分为正方形和矩形分幅并编号的方法。

（1）正方形分幅与编号。

在工程建设中，大比例尺地形图按坐标格网划分为正方形图幅，对于 1∶5 000 比例尺的地形图采用 40 cm×40 cm 图幅，其他比例尺（1∶1 000、1∶1 000、1∶500）采用 50 cm×50 cm 图幅。现将以上四种比例尺地形图的图幅大小、实地测图面积等列于表 5-2 中。

表 5-2　按正方形分幅的不同比例尺图幅

比例尺	图幅大小/cm	图廓边的 实地长度/m	图幅实地 面积/km²	一幅 1：5 000 地图中包含 该比例尺图幅数/幅
1：5 000	40×40	2 000	4	1
1：2 000	50×50	1 000	1	4
1：1 000	50×50	200	0.25	16
1：500	50×50	250	0.062 5	64

正方形图幅是以 1：5 000 地形图为基础，取其图幅西南角点的坐标数字（以 km 为单位）作为 1：5 000 比例尺地形图的编号，如图 5-3 所示。

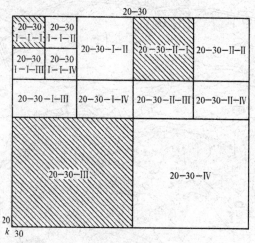

图 5-3　正方形分幅与编号

按一幅 1：5 000 地形图中包含该比例尺图幅数，将一幅 1：5 000 地形图作四等分，得到四幅 1：2 000 比例尺的地形图，分别以Ⅰ、Ⅱ、Ⅲ、Ⅳ来表示，可在 1：5 000 地形图编号之后附加各自的代号Ⅰ、Ⅱ、Ⅲ、Ⅳ作为 1：2 000 地形图的编号，如 20-30-Ⅲ。以此类推，一幅 1：2 000 地形图又可分为四幅 1：1 000 地形图；一幅 1：1 000 地形图再可分为四幅 1：500 地形图，其后附加各自的代号均取罗马字Ⅰ、Ⅱ、Ⅲ、Ⅳ。如图 5-3 中，1：1 000 地形图（阴影部分）编号为 20-30-Ⅱ-Ⅰ，1：500 地形图（阴影部分）编号为 20-30-Ⅰ-Ⅰ-Ⅰ。

（2）矩形分幅与编号。

当 1：5 00~1：5 000 比例尺地形图采用矩形分幅时，其图幅大小均为 40 cm×50 cm。分幅的编号方法如下：

以图幅西南角坐标 x_p、y_p 除以图廓纵、横方向的坐标差 Δx、Δy 作为该比例尺的图号，在前面冠以测图比例尺分母 M 并加圆括号，即

$$(M)\frac{x_p}{\Delta x}-\frac{y_p}{\Delta y}$$

除此以外，矩形图幅的编号也可采用以下几种方法：

①坐标千米数编号。坐标千米数编号是用该图幅西南角的 x 坐标和 y 坐标的千米数来

编号，x 坐标在前，y 坐标在后，中间用连字符连接。

例如，一幅图西南角坐标为 $x = 3\ 267.00$ km，$y = 50.00$ km，则其编号为 3 267.0-50.0。编号时，1：5 000 地形图，坐标取至 1 km；1：2 000、1：1 000 地形图，坐标取至 0.1 km；1：500 地形图，坐标取至 0.01 km。

②自然序数法编号。对带状测区或面积较小的测区，可按测区统一顺序进行编号，一般从左到右，从上到下用阿拉伯数字 1，2，3，4，…编定，如图 5-4 所示。

③行列式编号。行列式编号一般以代号(如 A，B，C，…)的横行从上往下排列，以阿拉伯数字为代号的纵列从左向右排列来编定，先行后列，中间加上连字符，如图 5-5 所示。

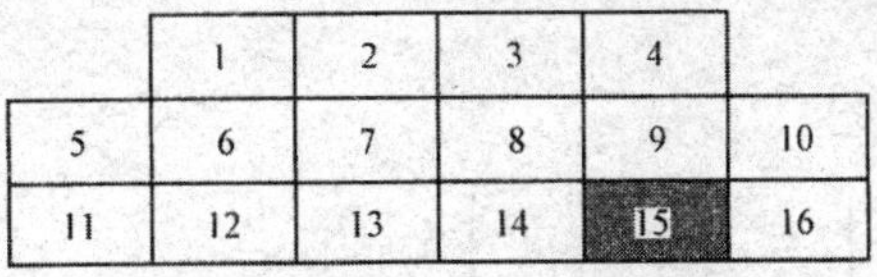

1	2	3	4		
5	6	7	8	9	10
11	12	13	14	15	16

图 5-4 自然序数法编号

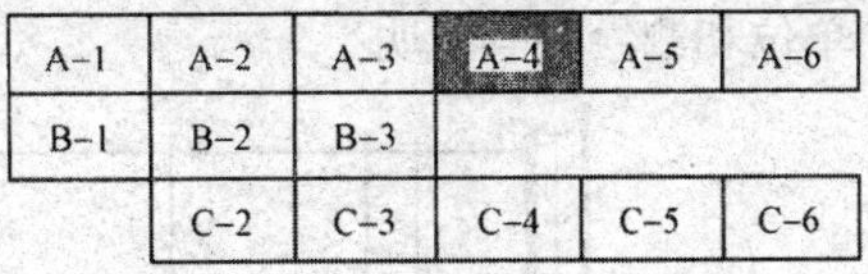

A-1	A-2	A-3	A-4	A-5	A-6
B-1	B-2	B-3			
C-2	C-3	C-4	C-5	C-6	

图 5-5 行列式编号

以上的正方形与矩形分幅都是按国家城市测量规范全国统一编号的。大型工程项目的测图也力求与国家或城市的分幅、编号方法一致。但有些独立地区的测图，或由于与国家或城市的控制网没有联系，或由于工程本身保密的需要，也可以采用其他特殊的编号方法。例如，有的用工程代号和阿拉伯数字相结合的方法进行编号，如 718-3。

3. 接合图表

接合图表是表示本图幅与四邻图幅的邻接关系的图表，表上注有邻接图幅的图名或图号，绘在地形图上图廓的左上角，如图 5-2 所示。

(二)图廓和坐标格网

1. 图廓

地形图有内、外图廓。内图廓线较细，是图幅的范围线，绘图必须控制在该范围线以内；外图廓线较粗，主要对图幅起装饰作用。

2. 坐标格网

正方形或矩形图幅的内图廓线亦是坐标格网线，在内、外图廓之间和图内绘有坐标格网交点短线，图廓的四角注记有该角点的坐标值。梯形图幅的内图廓线是经纬线，图廓的四角注有经纬度，内外图廓间还有分图廓，分图廓绘有经差和纬差，用 1′间隔的黑白分度带表示，只要把分图廓对边相应的分度线连接，就能构成经纬差各为 1′的地理坐标格网。梯形图幅内还有 1 km 的直角坐标格网，称为公里坐标格网。内图廓和分图廓之间注有公里格网坐标值，如图 5-6(a)所示。

(三)指北针和三北方向线

在大比例尺地形图的内图廓右上角，标有指北针；在中小比例尺地形图的下图廓外偏右处，绘有真子午线、磁子午线和坐标纵轴线这三个北方向线之间的角度关系图，称为三北方向线关系图。绘制时真子午线应垂直于下图廓边，如图 5-6(b)所示。该图幅中，磁偏角为 9°50′(西偏)，坐标纵轴线偏离真子午线以西 0°5′，而磁子午线偏离坐标纵轴线以西

9°45′。利用该关系图,可对图上任一方向的真方位角、磁方位角和坐标方位角做相互换算。

(四)直线比例尺和坡度比例尺

在下图廓正下方注记测图的数字比例尺,在数字比例尺的下方绘制直线比例尺,如图5-6(c)所示,以便图解距离,消除图纸伸缩的影响。

对于梯形图幅,在其下图廓偏左处绘有坡度比例尺,如图5-6(d)所示,用以图解地面坡度和倾角。

使用时利用分规量出相邻两点间的水平距离,在坡度比例尺上即可读取地面坡度 i。除此之外,地形图上还注记有测图时间、测图方法、测图所用的坐标系统、高程系统以及测绘单位和测绘者等说明。

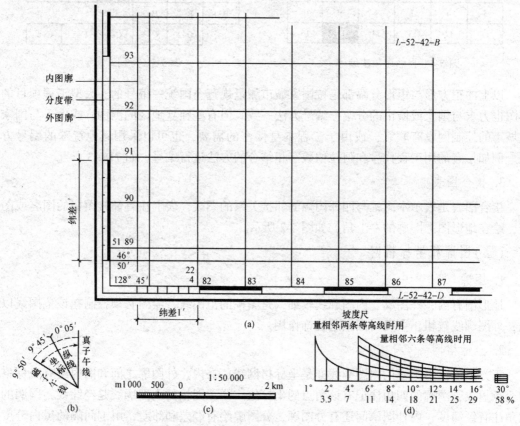

图 5-6 地形图的图廓和图外注记

第二节 地物和地貌在地形图上的表示方法

为了便于测图和用图,常用各种简明、准确、易于判断实物的图形或符号,将实地的地物和地貌在图上表示出来,这些符号统称为地形图图式。地形图图式是由国家测绘机关统一制定并颁布的,是测绘和使用地形图的重要依据。

地形图图式中的符号有三类:地物符号、地貌符号和注记符号。

一、地物符号

地物在地形图中是用地物符号来表示的，即将地面上各种地物按预定的比例尺和要求，以其平面投影的轮廓或特定的符号绘制在地形图上。

地物符号按其特点分为非比例符号（点状符号）、半比例符号（线状符号）和比例符号（面状符号）。

1. 非比例符号

有些地物，如导线点、水准点和消火栓等，轮廓较小，无法将其形状和大小按比例缩绘到图上，只能采用相应的规定符号表示在该地物的中心位置上，这种符号称为非比例符号。

2. 半比例符号

地物的长度可按比例尺缩绘，而宽度不按比例尺缩小，表示的符号称为半比例符号。用半比例符号表示的地物常常是一些带状延伸地物，如铁路、公路、通信线、管道、垣栅等。

3. 比例符号

地物的形状和大小均按测图比例尺缩小，并用规定的符号绘在图纸上，这种符号称为比例符号，如湖泊、稻田和房屋等。

三种比例符号并不是一成不变的。在不同比例尺的地形图上表示同一地物，由于测图比例尺的不同，所使用的符号也不同，如某一地物在大比例尺地形图上用比例符号表示，而在中、小比例尺地形图上则可能就变为非比例符号或半比例符号。

二、地貌符号

地貌在地形图中是用地貌符号来表示的，最常用的地貌符号是等高线。

1. 等高线

等高线是地面上高程相同的相邻各点所连接而成的闭合曲线。如图 5-7 所示，设有一小山头在湖泊中，开始时水面高程为 70 m，则水面与山体的交线即为 70 m 的等高线；若湖泊水位不断升高，达到 80 m 时，则水面与山体的交线即为 80 m 的等高线；以此类推，直到水位上升到 100 m 时，得到 100 m 的等高线。然后把这些实地的等高线沿铅垂方向投影到水平面上，并按规定的比例尺缩绘到图纸上，就得到与实地形状相似的等高线。

2. 等高距和等高线平距

相邻两等高线之间的高差称为等高距，常以 h 表示。在同一幅地形图中，等高距 h 是相同的。通常按测图比例尺和测区地形类别确定地形图的基本等高距，见表 5-4。

相邻两等高线之间的水平距离称为等高线平距，常以 d 表示，它随实地地面坡度的变化而变化。

h 与 d 的比值就是地面坡度 i，即

$$i = \frac{h}{d} \times 100\% \tag{5-3}$$

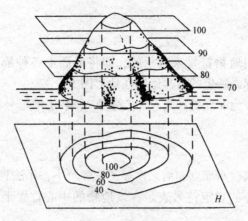

图 5-7　等高线

因为同一张地形图中等高距 h 是相同的，所以地面坡度与等高线平距 d 的大小成反比，即等高线平距越小，地面坡度越大；等高线平距越大，地面坡度越小；等高线平距相等，地面坡度相同。因此，可以根据地形图上等高线的疏、密来判定地面坡度的缓、陡。

表 5-4　地形图基本等高距

地形类别	不同比例尺的基本等高距/m			
	1 : 500	1 : 1 000	1 : 2 000	1 : 5 000
平原	0.5	0.5	1.0	1.0
微丘	0.5	1.0	2.0	2.0
重丘	1.0	1.0	2.0	5.0
山岭	1.0	2.0	2.0	5.0

3. 等高线的分类

为充分表示地貌的特征和用图方便，等高线按其用途分为四类，如图 5-8 所示。

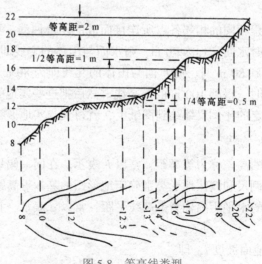

图 5-8　等高线类型

（1）基本等高线（首曲线）。在同一幅图上，按规定的基本等高距测绘的等高线称为基本等高线，也称首曲线，它是宽度为 0.15 mm 的细实线。

（2）加粗等高线（计曲线）。凡高程是基本等高距的整五或整十倍的等高线，即每隔四条首曲线加粗的一条等高线称为加粗等高线，也称计曲线。计曲线是宽度为 0.3 mm 的粗实线，并在其上注有高程。

（3）半距等高线（间曲线）。当首曲线不能很好地显示地貌的特征时，按 1/2 基本等高距描绘的等高线称为半距等高线，也称间曲线，在图上用长虚线表示。

（4）1/4 等高线（助曲线）。有时为满足显示局部地貌的需要，按 1/4 基本等高距描绘的等高线称为 1/4 等高线，也称助曲线，一般用短虚线表示。

间曲线和助曲线可不闭合。

4. 典型地貌及其等高线

地球表面的高低起伏千姿百态、错综复杂，就其形态而言，主要有以下几种典型地貌。

（1）山丘与洼地。

隆起而高于四周的高地称为山地，高大者称为山峰，低矮者称为山丘，其最高处称为山头。四周高、中间低的低地称为洼地，大的洼地称为盆地。如图 5-9 所示，山丘和洼地的等高线形状完全相同，都是一组闭合曲线，但可从注记的高程或画出的示坡线加以区别，示坡线是垂直于等高线的短线，用于指示斜坡降低的方向，高程注记一般由低向高标注。

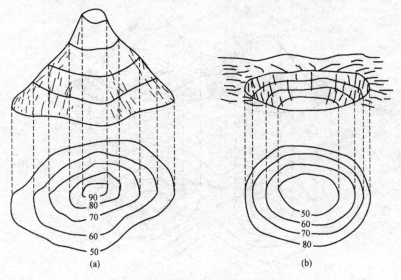

图 5-9 山丘与洼地及其等高线

（2）山脊与山谷。

山的凸棱由山顶延伸到山脚称为山脊，两山脊之间的凹地称为山谷。如图 5-10 所示，山脊与山谷的等高线形状呈"U"字形，即都是向一个方向凸出的，但山脊的等高线"U"字凸向低处，山谷的等高线"U"字凸向高处。

山脊最高点连成的棱线称为山脊线，又称为分水线；山谷最低点连成的棱线称为山谷线，又称为集水线。山脊线和山谷线统称为地性线，它们都要与等高线垂直相交。

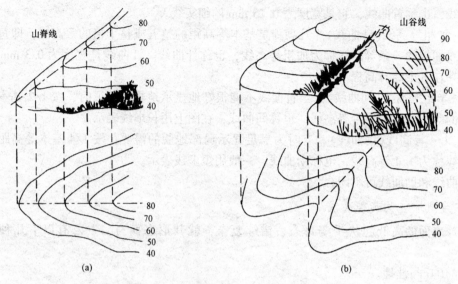

图 5-10　山脊与山谷及其等高线

（3）鞍部。

相对的两个山脊和山谷的汇聚处，形似马鞍之状，称为鞍部，又称为垭口。

如图 5-11 所示为两个山脊之间的鞍部，用两簇相对的山脊的等高线表示。鞍部在山区道路的选用中是一个关键点，越岭道路常需经过鞍部。

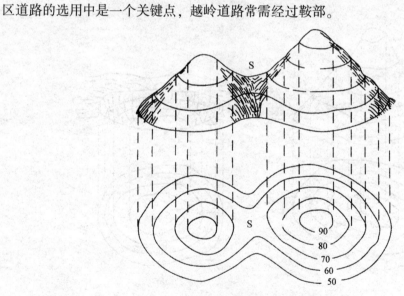

图 5-11　鞍部及其等高线

（4）悬崖。

山的侧面称为山坡，上部凸出、下部凹入的山坡称为悬崖。如图 5-12 所示为悬崖的等高线，其凹入部分投影到水平面后与其他等高线相交，俯视时隐蔽的等高线用虚线表示。

（5）绝壁。

近乎垂直的山坡称为绝壁或峭壁。如图 5-13 所示，在绝壁处，等高线非常密集甚至重叠，一般可配合锯齿形的断崖符号来表示。

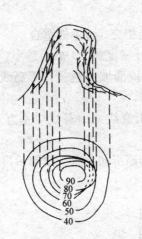

图 5-12　悬崖及其等高线

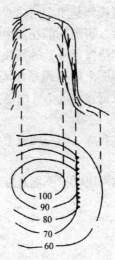

图 5-13　绝壁及其等高线

（6）其他。

地面上由于各种自然和人为的原因而形成了多种新的形态，如冲沟、陡坎、崩崖、滑坡、雨裂、梯田坎等。这些形态很难用等高线表示，绘图时可参照《地形图图式》规定的符号配合使用。图 5-14 所示为某一地区综合地貌及其等高线地形图，可对照识别。

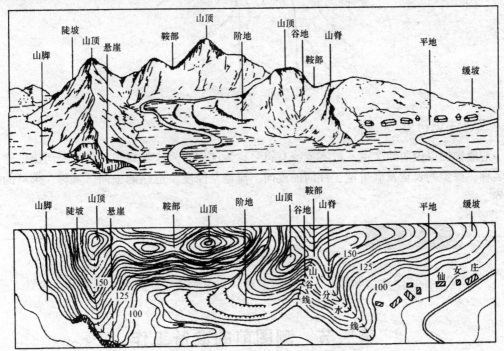

图 5-14　综合地貌及其等高线地形图

5. 等高线的特性

为了掌握用等高线表示地貌的规律，现将等高线的特性归纳如下：

①同一条等高线上各点的高程都相等。

②每一条等高线都是闭合的曲线，受图幅大小限制或遇到地物符号时可以中断，但要绘到图幅或地物边，否则不能在图中中断。

③除在悬崖和绝壁处外，等高线在图上不能相交，也不能重合。

④同一幅地形图上等高距是相同的，等高线密度越大（平距越小），表示地面坡度越陡；反之，等高线密度越小（平距越大），表示地面坡度越缓；等高线密度相同（平距相等），表示地面坡度均匀。

⑤等高线与山脊线、山谷线垂直相交，即山脊线或山谷线应垂直于等高线转折点的切线。

⑥等高线跨越河流时，不能直穿而过，要渐渐折向上游，过河后再渐渐折向下游，如图 5-15 所示。

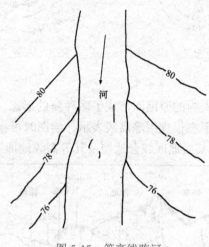

图 5-15　等高线跨河

三、注记符号

对地物加以说明的文字、数字或特有符号称为注记符号。如城镇、学校、河流、道路的名称，桥梁的长宽及载重量，江河的流向、流速及深度，道路的去向，森林、果树的类别等。

小 贴 士

文字注记的字头一般朝北，等高线的高程等数字注记的字头是朝上坡方向的。

第三节　测图前的准备工作

测图前，需踏勘了解测区的地形，抄录控制点的平面及高程成果，并了解其完好情况。搜集整理可以使用的资料，准备测图用图纸，检查校正仪器，准备工具材料，拟订作业计划。在图纸上绘制图廓线、坐标格网和展绘图根控制点。

一、准备图纸

地形图使用的图纸应该坚韧、伸缩性小、不渗水。为了减小图纸的变形，一般将图纸固定在不变形的图板上。图纸的选用分为传统绘图纸和聚酯薄膜。

聚酯薄膜是一面打毛的乳白色半透明图纸，厚度为 0.07~0.1 mm，其伸缩率小，坚韧耐湿，沾污后可用清水或淡肥皂水洗涤，并且不怕霉蛀，易于长期保存，图纸上着墨后可直接晒蓝图，加快出图速度。但聚酯薄膜图纸易燃，有折痕后不能消除，因此在测图、使用、保管时要多加注意。

> **小 贴 士**
>
> 采用传统绘图纸，需进行裱糊工作；采用聚酯薄膜，为了固定并使薄膜平整，可用透明胶将薄膜四周直接粘贴在图板上。

二、绘制坐标格网

为了准确地将控制点展绘在图纸上，首先要在图纸上精确绘制 10 cm×10 cm 的直角坐标格网。绘制坐标格网的方法如下。

1. 坐标格网尺法

如图 5-16 所示，坐标格网尺是一金属直尺，尺上有六个方孔，每隔 10 cm 为一孔，每孔左侧为斜面，最左端孔斜面上刻有零点指示线，其余各孔和尺子末端边缘都是以零点为圆心，以 10 cm、20 cm、…、50 cm 以及 70.711 cm（50 cm×50 cm 图幅的对角线长度）为半径的圆弧，分别用于量取坐标格网边长和对角线。

下面以 50 cm×50 cm 图幅为例，讲述用坐标格网尺绘制坐标格网的步骤，如图 5-17 所示。

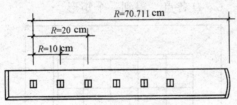

图 5-16　坐标格网尺

（1）在图纸下边缘处画一直线作为图廓的下边线。

（2）在直线左端适当位置取一点 A，置格网尺于直线上，使尺零点对准 A，并使其他各孔通过该直线。

（3）用铅笔沿各孔边缘画弧交直线于 A、1、2、3、4、B 点，如图 5-17(a) 所示。

（4）目估使尺子垂直于 AB 线，并使尺子的零点对准 B 点，再沿各孔画弧线 6、7、8、9、10，如图 5-17(b) 所示。

（5）将尺子零点对准 A 点，使 71.711 cm（50 cm×50 cm 图幅的对角线长度）弧线与弧线

10 相交, 定出 C 点。

（6）连接 BC 直线, 则其与弧线 6、7、8、9 相交, 定出 6、7、8、9 点, 便得到图廓的右边线, 如图 5-17(c) 所示。

（7）同样把尺子置于图 5-17(d) 和 (e) 的位置定出相应格网点, 得到相应的图廓边界线, 再连接对边对应点, 就得到坐标格网, 如图 5-17(f) 所示。

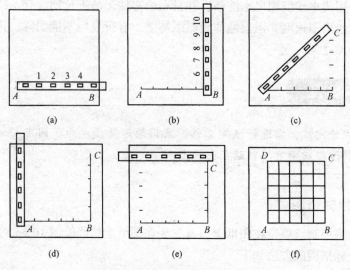

图 5-17　坐标格网尺法绘制坐标格网

2. 直尺对角线法

如图 5-18 所示, 按下述步骤绘制：

（1）在图纸上, 先用直尺和铅笔轻轻地画两条对角线相交于 M 点。

（2）由交点 M 以适当长度（可按图幅尺寸估计）沿对角线截取等距的 A、B、C、D 四点。

（3）用直线连接 A、B、C、D 各点, 得到一个矩形。

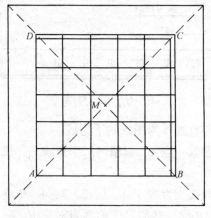

图 5-18　直尺对角线法绘制坐标格网

（4）从 A、B 两点起各沿 AD、BC 方向每隔 10 cm 准确地定一点；从 A、D 两点起各沿

AB、*DC* 方向每隔 10 cm 准确地定一点。连接各对应边的相应点，即可绘出坐标格网。

3. 软件绘制方法

在计算机中用 Auto CAD 等软件编制好坐标格网图形，之后通过绘图仪绘制在图纸上。例如，在 CASS 中执行下拉菜单"绘图处理/标准图幅 50 cm×50 cm"或"标准图幅 50 cm×40 cm"命令，可直接生成坐标格网图形。

不论采用哪种方法绘制坐标格网，都必须进行精度检查。首先将直尺边沿方格的对角线放置，各方格的交点应在同一条直线上，如不在同一直线上，其偏离值不应大于 0.2 mm；对角线长误差和图廓边长误差不应大于 0.3 mm，格网线粗细及刺孔直径不应大于 0.1 mm，若误差超过容许值，则应将格网进行修改或重绘。

如能购到印有坐标格网的聚酯薄膜图纸，就大大简化了测图的准备工作，但对这种图纸，仍需做精度检查，以确保质量。

三、展绘控制点

展绘控制点就是根据控制点的坐标值，按比例在图纸上标出其点位。由于地形测图是以控制点为测站，测定其周围的地物、地貌特征点的平面位置和高程的，控制点展绘是否精确将直接影响成图质量，因此在进行控制点展绘时一定要保证展点的精度。

1. 展绘控制点的步骤

①按分幅规定或实际需要确定图幅西南角(左下角)坐标。

②根据测图比例尺标出对应格网线坐标。

③确定控制点所在方格。

④精确确定控制点的位置。

如图 5-19 所示，控制点 *A* 坐标为：$x = 1\ 268.15$ m，$y = 1\ 134.62$ m，则可确定它所在的方格为 *mngp*。再根据被展绘的 *A* 点与 *m* 点的坐标差定出 *a*、*b*、*c*、*d*，即从 *m*、*p* 点用测图比例尺分别向上量 68.15 m 得 *c*、*d* 两点，再从 *m*、*n* 点分别向右量 34.62 m 得 *a*、*b* 两点，连接 *ab* 和 *cd* 两条线的交点就是展点的位置。用同样的方法可将其他控制点展绘在图纸上。

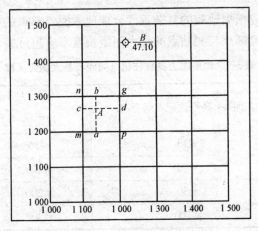

图 5-19 控制点的展绘

2. 精度检查

控制点展绘结束后，应进行精度检查，即用比例尺在图纸上量取相邻控制点之间的距离，并和已知的距离相比较，作为展绘控制点的检核，其最大误差在图纸上不应超过 0.3 mm，否则控制点应重新展绘。经检查无误，按图式规定绘出导线点符号，并注上点号和高程，如图 5-19 中的 B 点，这样就完成了测图前的准备工作。

第四节 大比例尺地形图测绘

地形图测绘是以已知的控制点为测站点，测定其周围碎部点的平面位置和高程，并按比例符号或地形图图式符号绘制地形图。根据所使用仪器的不同，地形图测绘的方法分为经纬仪测绘(测记)法、大平板仪测图法、小平板仪与经纬仪联合测图法和全站仪数字测图法等。无论用何种方法进行地形图测绘，都应先合理地选取碎部点。

一、碎部点的选择

碎部点又称地形点，是指地物和地貌的特征点。碎部点的选择直接影响测图的速度和质量，应根据测图比例尺和测区内地物、地貌的状况，选择能反映地物和地貌特征的点。

对于地物，其碎部点应为地物轮廓线或边界线的转折点或交叉点。例如，建筑物、农田等面状地物的棱角点和转角点；道路、河流、围墙等线状地物的转折点和交叉点；电线杆、水井及独立树等点状地物的几何中心。由于实测中有些地物形状极不规则，一般规定，主要地物凹凸长度在图上若大于 0.4 mm，都要表示出来；若小于 0.4 mm，则可直接用直线连接。

> **小 贴 士**
>
> 对于地貌，其碎部点应为山脊线、山谷线、山腰线、山脚线及最大坡度线等地性线上的坡度及方向变化点。

为保证测图质量，应根据地貌的复杂程度合理地掌握碎部点的密度，一般要求图纸上碎部点间的最大间距和碎部点与测站点的最大测距长度不应超过表 5-5 的规定。

表 5-5 地形图上高程注记点间距与最大测距长度

测图比例尺	地形图上高程注记点间距/m	最大测距长度/m	
		视距法	光电测距法
1 : 500	≤15	≤80	≤240
1 : 1 000	≤30	≤120	≤360
1 : 2 000	≤50	≤200	≤600
1 : 5 000	≤100	≤300	≤900

二、经纬仪测绘(测记)法

经纬仪测绘法的步骤如下：

1. 架设仪器

如图 5-20 所示，在测站点 A(已展绘到图纸上的控制点)架设经纬仪，量取仪器高 i，盘左照准控制点 B(已展绘到图纸上的控制点)，以 AB 方向作为起始方向，使水平度盘读数为 $0°00'00''$。为保证测量精度，再照准立在控制点 C 上的标尺，观测水平角 $\angle BAC$，用视距法测定 C 点高程，与控制测量成果进行比较，角度差不应大于 $\pm1.5'$，高程差不应大于 $1/5$ 等高距。然后把裱有图纸的绘图板架在测站旁，连接图上 a、b 点，用细针把半圆仪(图 5-21)通过零刻画线上的小孔钉在 a 点处。图上 a、b 点分别为地面上 A、B 点在图纸上的展绘点。

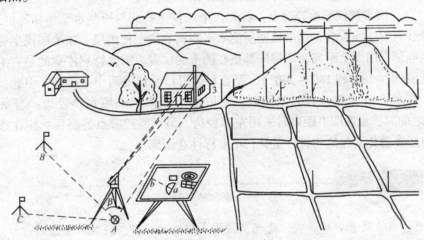

图 5-20　经纬仪测绘法

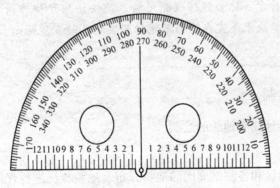

图 5-21　半圆仪

2. 观测

首先跑尺员应与观测员密切配合，商定跑尺路线和范围，高效率地在碎部点上立尺，以便绘图。观测员用经纬仪照准立于碎部点的标尺，读取水平度盘读数、上丝读数、下丝读数、中丝读数、竖盘读数，分别记入表 5-6 中。每次读取竖盘读数之前，必须使自动归零装置处于"ON"状态。观测 20 个碎部点左右后，应当检查起始方向，归零差不得大于

±1.5′。另外，如果能使每次中丝读数 l 都等于仪器高 i，则可简化计算。

表 5-6　经纬仪测绘法记录计算表

测站点：A；后视点：B；仪器高：$i=1.45$ m；指标差：$x=0$；测站点高程：$H_A=243.76$ m

碎部点	视距间隔 n/m	中丝读数 l/m	竖盘读数 /(°′)	竖直角值 /(°′)	$i-l$ /m	高差 h /m	水平角值 β/(°′)	水平距离 D/m	高程 H/m	备注
1	0.380	1.45	93 28	−3 28	0	−2.29	175 38	37.9	241.47	
2	0.375	1.45	93 00	−3 00	0	−1.96	278 45	37.4	241.80	
3										

3. 展绘碎部点

绘图员根据计算出的测站点至碎部点的水平角和水平距离（计算方法参见第四章中"视距测量"一节），用半圆仪展绘碎部点。首先在半圆仪上找到与所测水平角相等的刻画线，并使此刻画线与方向线重合，然后根据所测水平距离和测图比例尺，在半圆仪半径边上截取测站点至碎部点的图上距离，即得碎部点在图上的位置。需要特别注意的是：半圆仪上有两排角度值（0°～180°和180°～360°），而直径边可以看成是两个半径边，因此，在展绘碎部点时，当水平角在 0°～180°之间时，量取图上距离时采用右半径边；当水平角在 180°～360°之间时，量取图上距离时采用左半径边。最后将碎部点的高程标注在该点位的右侧，同时还要避免其与地物符号重叠，不要标注在图廓外。

绘图员应边展点边对照实地情况，按图式规定的地物、地貌符号绘图。

如果经纬仪观测时只做数据记录和画草图，之后根据记录数据和草图在室内绘制地形图，那么这种方法称为经纬仪测记法。此法适用于操作简单、外出时间短、任务紧迫的情况，其缺点是室内绘图不能对照实地及时发现问题，因此成图后应到现场核对。

三、地形图的绘制

地形图的绘制包括地物和地貌的绘制。

（一）地物的绘制

绘图前应对整个测区和各测站周围的地物分布、地貌特征进行仔细观察，做到心中有数。测图过程中当所测地物的特征点数能够描绘出地物完整图形时，应立即勾绘地物轮廓线，并用规范的图式符号或文字标明地物类别和名称，做到随测随绘，逐渐展绘局部以至全幅的地物图。

（二）地貌（等高线）的绘制

在测定地貌碎部点的同时，应把同一坡度线上的点轻轻地勾连出来，从而得到一条条地性线（如山脊线和山谷线），并在同一坡度的两点间插绘等高点，标注高程值，如图 5-22

所示。设地面某局部范围的地貌碎部点的位置和高程已经测定，在图上连接等坡度线上相邻的碎部点 ba、bc、bd、be 等，其中实线为山谷线、虚线为山脊线，可参照实际地貌情况勾绘等高线。等高线的勾绘方法很多，下面仅介绍内插法中的解析法和目估法。

1. 解析法

下面以图 5-22 所示的 ab 为例，介绍内插法绘制等高线的做法。

若已知 ab 在图上的平距 D、高差 h，以 1 m 的等高距绘制等高线。由图可知，ab 线上应有 144 m、145 m、146 m、147 m 和 148 m 五条等高线穿过。第一条 144 m 等高线与 a 点高差为 0.9 m，最后一条 148 m 等高线与 b 点高差为 0.5 m。只要先确定距 a 点高差为 0.9 m、距 b 点高差为 0.5 m 对应平距的点位，再等分剩下的线段，即可确定所有等高线通过 ab 上的点。

根据等坡线上平距与高差成正比的关系，可求得高程为 H 的等高点到 a 点的平距 d 为

$$d = \frac{D}{148.5 - 143.1} \times (H - 143.1) \tag{5-4}$$

由上式可得各等高线穿过 ab 线的点的位置，如图 5-22(b) 所示。同理可得到等高线穿过其他地形线上的点。参照实地，将不同地形线高程相等的点就近用曲线连接起来，即可得到要绘制的等高线，如图 5-22(c) 所示。

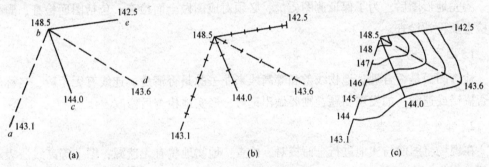

图 5-22 解析法绘制等高线

2. 目估法

在实际作业中，一般不进行解析计算，而是根据这一原理用目估的方法勾绘等高线。以图 5-23 中 A、B 两点间为例，说明目估法勾绘等高线的步骤。

(1) 定有无——确定两碎部点间有无等高线通过：图中 AB 之间"有"。

(2) 定根数——确定两碎部点间有几根等高线通过：图中 AB 之间有 63、64、65、66 四条等高线通过。

(3) 定两端——确定两碎部点间首尾两条等高线通过的位置：图中 AB 之间 63、66 两条等高线通过的位置。

(4) 平分中间——在确定首尾两条等高线通过的位置后，再将这两条等高线之间的距离按等高线间隔数进行平分：在定出 63、66 两条等高线位置后，再将两者间进行三等分，得出 64、65 的位置。

(5) 连线——勾绘出相邻点之间等高线的通过位置后，用光滑的曲线将高程相同的相邻点连接起来，即可得到等高线。

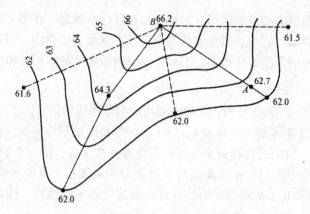

图 5-23　目估法勾绘等高线

第五节　地形图的检查、拼接与整饰

一、地形图的检查

测完地形图后，为了保证测图质量，必须对成图做全面检查，包括图面检查、野外巡视检查及设站检查。

1. 图面检查

检查图面是否合理、地物线条和等高线来龙去脉是否清楚、连线有无矛盾、名称注记是否搞错或遗漏，如发现问题，则要做出记号，经实地检查后修改。

2. 野外巡视检查

在现场将图面与实地进行全面核对、检查：地物地貌有无遗漏；图上等高线所表示的地貌是否与实际相符；注记是否与实地相符。特别是对接边中产生的问题和图面检查中发现的矛盾要重点检查。在野外巡视检查中，对于发现的问题应及时解决，必要时架仪器进行检查并予以纠正。

3. 设站检查

设站检查是在图面检查和野外巡视检查的基础上进行的。除了对发现的以上问题进行设站检查外，为了评定测图的质量，还要对每幅图进行一部分(不少于 10%)的仪器设站检查，即在某些图根点上架仪器对主要地物和地貌进行重测，其精度应满足表 5-7 的要求。

表 5-7　地形图的精度

图上地物点的点位中误差/mm		等高线插值的高差中误差			
主要地物	一般地物	平原区	微丘区	重丘区	山岭区
≤±0.6	≤±0.8	≤1/3H_d	≤1/2H_d	≤2/3H_d	≤H_d

注：表中主要地物是指外廓明显的坚固建筑物；H_d 为基本等高距。

二、地形图的拼接

当测区面积较大时，必须采用分幅测图。由于测量和绘图的误差，在相邻图幅的连接处，地物轮廓线和等高线都不会完全吻合，会出现拼接边误差。两幅图的接边限差不应大于表 5-7 规定的碎部点平面、高程中误差的 $2\sqrt{2}$ 倍，如果超过此限差，则必须用仪器检查、纠正图上的错误后再拼接。

1. 白纸测图的拼接方法

为了图幅的拼接，规定每幅图的东、南图边应测出图廓外 1 cm。需用一条宽 4~5 cm、长 55~60 cm 的透明纸条作为接边纸，把接边纸先蒙在图幅 I 的东（或南）拼接边上，用铅笔把坐标格网线、地物、等高线等描在透明纸上，然后把接边纸条按格网线对准蒙在图幅 II 的西（或北）拼接边上，并将其地物和等高线也描绘上去。如此在该接边的透明纸上就可以清楚地看出相应地物和等高线的偏差情况，如图 5-24 所示。

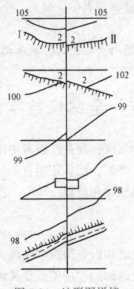

图 5-24　地形图拼接

因此，对于主要地物的接边容许偏差为 $0.6 \times 2\sqrt{2} = 1.7(\mathrm{mm})$；而在微丘地区接边时，等高线的容许偏差为 $(H_\mathrm{d}/2) \times 2\sqrt{2} = 1.4 H_\mathrm{d}$，即为该两幅图基本等高距的 1.4 倍。若满足接边限差的要求，应对两幅图的地物及等高线进行必要的改正。一般是在两幅图上各改一半，但应保持地物、地貌相互位置和走向的正确性。具体方法是：在透明纸上用彩色笔平均分配，纠正接边差，并将接图边上纠正的地物、地貌位置，用针刺于相邻的接图上，以此修正图内的地物和地貌。

2. 聚酯薄膜测图的拼接方法

对于使用聚酯薄膜所测的图纸，由于其半透明性，只需把相邻两张图纸的图幅按相应坐标格网上下重叠，即可检查接边处地物及等高线的偏差情况。如接边误差在限差范围内，则可在其中一幅图上按平均位置改正图上的地物、地貌，另一幅图则根据改正后的图

边进行改正。

三、地形图的整饰

经拼接、检查和修正后，即可进行原图的整饰，包括图内、图外整饰，擦掉不必要的点、线、高程、注记等，使图面整洁、规范。例如坐标格网线，只保留交点处纵横 1.0 cm 的"+"字，靠近内图廓保留 0.5 cm 的短线；擦去用实线和虚线表示的地性线；擦去多余的碎部点，只保留制高点、河岸重要的转折点、道路交叉点等重要的碎部点。

用笔加深地物轮廓线和等高线，加粗计曲线并在计曲线上注记高程，注记高程的数字应成列，字头朝向高处。按照图示规范要求填注各种地物符号和注记，各种文字注记标在合适的位置，一般要求字头朝北，字体端正。等高线通过注记和符号时必须断开。

> **小 贴 士**
>
> 按要求写上图名、图号、接合图表、比例尺、坐标系统、高程系统，以及测量单位、日期和审核人员等。
>
> 地形图的整饰次序是：先图内，后图外；先注记，后符号；先地物，后地貌。

第六节　全站仪数字化测图

随着光电测距和计算机技术的发展，现在已普遍使用全站型电子速测仪（简称全站仪）测绘地形图。全站仪能同时测角、测距，而且还能自动显示、记录、存储数据，并能进行数据计算，可在野外直接测得点的坐标和高程。

一、外业数据采集

数字测图通常分为外业数据采集和内业编辑成图两大部分。外业数据采集是在野外直接测定地形特征点的位置，并记录地物的连接关系及其属性，为内业编辑成图提供必要信息。数字测图的外业作业方式分为测记法和电子平板法，目前大多采用测记法。

测记法数据采集：每作业组一般需仪器观测员 1 名，绘草图员 1 名，立镜员 1 或 2 名，其中绘草图员是作业组的指挥者，需由技术全面的人担任。

进入测区后，绘草图员应先对周围的地物、地貌情况大概看一遍，并尽可能按近似比例勾绘一份含主要地物、地貌的草图，以便观测时在草图上说明所测碎部点的位置及点号。观测员首先在控制点上安置好全站仪，然后开机进入数据采集模式，创建数据存储文件，输入观测点和定向点，指挥立镜员到另一控制点上立镜定向，检核定向点后可开始进行碎部点测量。立镜员与绘草图员先商量好立镜跑尺的路线和顺序，然后开始逐点立镜测量。数据采集时，由于测站离测点可能比较远，观测员、立镜员和绘草图员之间应保持紧密的联系，观测员与绘草图员要及时核对点号，立镜员与绘草图员认真核对属性。绘草图员应及时把所测点的属性和连接关系在草图上反映出来，供内业编辑成图时使用；草图的绘制要遵循清晰、易读、相对位置准确、比例一致的原则。

测记法数据采集通常分为有码作业和无码作业。上述测记法即为无码作业方式。有码作业是现场输边、观边、输入相应的代码，代码表示所测点的属性，可依据有关成图软件的编码规则编写代码，也可自行确定简便易记的代码。有码作业的优点是可提高外业作业的工作效率，可少配一名作业员，但这种方式一般只适合技术相当熟练的专业测量人员。

> **小　贴　士**
>
> 　　在进行地貌点数据采集时，为提高工作效率可一站多镜观测。一般在地性线上要有足够密度的点，其他特征点也要尽量观测到。对特殊情况，如在观测沟渠时，在沟底测了一排点，则也应该在沟边再测一排点，这样生成的等高线才真实；而在测量陡坎时，最好坎上坎下同时测点，这样生成的等高线才能真实地反映实际地貌。在其他地形变化不大的地方，可以适当放宽采点密度。

二、内业编辑成图

这里以南方 CASS7.0 数字成图软件简要介绍内业编辑成图的步骤。

（一）数据通信

数据通信能够实现全站仪与计算机之间的数据传输，其具体操作方法如下：

（1）将全站仪通过匹配的传输线和计算机连接好。

（2）打开"数据"下拉菜单，用鼠标单击"读取全站仪数据"项。

（3）根据仪器的型号设置好通信参数，再选好要保存的数据文件名，用鼠标单击"转换"按钮。

（二）地物内业成图

这里介绍测记法中无码作业方式的内业成图过程。

1. 选择定点方式

定点方式有测点点号和坐标定点两种方式，大多数情况选择测点点号定点方式。移动鼠标至屏幕右侧菜单区的"坐标定位/点号定位"项按左键，根据命令提示选择坐标点数据的文件名。

2. 展点

为了更加直观地在图形编辑区内看到各测点之间的关系，可以先将野外观测点点号在屏幕中展出来。其操作方法为：先移动鼠标至屏幕的顶部菜单"绘图处理"项按左键，这时系统弹出一个下拉菜单；再移动鼠标选择"展点"项的"野外测点点号"项按左键，便出现对话框；输入对应坐标数据文件名后，便可在屏幕展出野外测点的点号。

3. 绘平面图

根据野外作业时绘制的草图，移动鼠标至屏幕右侧菜单区选择相应的地形图图式符号，然后在屏幕中将所有的地物绘制出来，具体的作业过程见成图软件使用说明书。系统中所有地形图图式符号都是按照图层来划分的，例如所有表示测量控制点的符号都放在

"控制点"这一层，所有表示独立地物的符号都放在"独立地物"这一层，所有表示植被的符号都放在"植被园林"这一层。

（三）绘制等高线

在地形图中，等高线是表示地貌起伏的一种重要手段。常规的平板测图的等高线是由手工描绘的，等高线可以描绘得比较圆润但精度稍低。在数字化成图系统中，等高线是由计算机自动生成的，获得的等高线精度相当高。

1. 建立数字地面模型（构建三角网）

数字地面模型（Digital Terrain Model，DTM）是在一定区域范围内规则格网点的平面坐标$(x，y)$和其他地物性质的数据集合，如果此地物性质是该点的高程，则此数字地面模型又称为高程模型（Digital Elevation Model，DEM）。这个数据集合从微分角度三维地描述了该区域地形地貌的空间分布。DTM作为新兴的一种数字产品，与传统的矢量数据相辅相成，各领风骚，在空间分析和决策方面发挥着越来越大的作用。借助计算机和地理信息系统软件，DTM数据可以用于建立各种各样的模型，解决一些实际问题，主要的应用有按用户设定的等高距生成等高线图、透视图、坡度图、断面图、渲染图，与数字正射影像DOM复合生成景观图，或者计算特定物体对象的体积、表面覆盖面积等，还可用于空间复合、可达性分析、表面分析、扩散分析等。

首先选择建立DTM的方式，分为两种：由数据文件生成和由图面高程点生成。如果选择由数据文件生成，则在坐标数据文件名中选择坐标数据文件；如果选择由图面高程点生成，则在绘图区选择参加建立DTM的高程点。然后选择结果显示，分为三种：显示建立三角网结果、显示建立三角网过程和不显示三角网。最后选择在建立DTM的过程中是否考虑陡坡和地形线，单击确定后生成三角网。

2. 修改数字地面模型（修改三角网）

一般情况下，由于地形条件的限制，在外业采集的碎部点很难一次性生成理想的等高线，如楼顶控制点。另外，因现实地貌的多样性和复杂性，自动构成的数字地面模型与实际地貌并不完全一致，这时可以通过修改三角网来修改这些不合理的地方。

3. 绘制等高线

完成本节的第1、2步准备操作后，便可进行等高线绘制。等高线的绘制可以在绘平面图的基础上叠加，也可以在"新建图形"的状态下绘制。

对话框中会显示参加生成DTM的高程点的最小高程和最大高程。如果生成单条等高线，那么就在单条等高线高程中输入此条等高线的高程；如果生成多条等高线，那么在等高线框中输入相邻两条等高线之间的等高距。最后选择等高线的拟合方式，完成绘制等高线的工作后，删去三角网。

4. 等高线整饰

注记等高线：用"窗口缩放"项得到局部图，再选择"高程注记"项，即可注记等高线的高程值。

等高线修剪：首先选择是消隐还是修剪等高线，其次选择是整图处理还是手工选择需要修剪的等高线，最后选择地物和注记符号，确定后根据输入的条件修剪等高线。

（四）剪辑与整饰

1. 图形编辑

在大比例尺数字测图的过程中，由于实际地形、地物的复杂性，漏测、错测是难以避免的，这时必须有一套功能强大的图形编辑系统对所测地形图进行图形编辑，在保证精度的情况下消除相互矛盾的地形、地物，对于漏测或错测的部分及时进行外业补测或重测。另外，对地形图也要加以必要的文字注记。

> **小贴士**
>
> 图形编辑的另一重要用途是对大比例尺数字化地图的更新，可以借助人机交互图形编辑，根据实测坐标和实地变化情况，随时对地形图的地物、地貌进行增加或删除、修改等，以保证有很好的现势性。

2. 图形整饰

图形整饰包括图形分幅和加入图廓。

此外，可用全球定位系统（GPS）测量观测点的视距、竖直角、水平角读数，电子系统自动记录存盘。记录内容、记录格式、平距、高差计算等可以编成程序，装入 GPS 电子系统。对观测点名、观测点地貌特征可设计按键输入，如 A 表示水沟、B 表示陡坎等。现场可对道路、水沟、河流、电线、陡崖、冲沟、房屋、地貌分界线等进行人工绘草图。内业将外业获取的软盘数据作为入口数据，采用大比例尺数字测图软件成图，根据人工草图对道路、水系、电线、冲沟进行编辑、充实和完善。

第七节　地形图的应用

地形图是工程建设必不可少的基本资料。在每一项新的工程建设开始之前，都要先进行地形测量工作，以获得规定比例尺的现状地形图。同时，还要搜集有关的各种比例尺的地形图和资料，以便从历史到现状的结合上、从整体到局部的联系上、从自然地理要素到社会经济要素的分析上进行研究。

地形图具有重要而广泛的用途。下面介绍地形图应用的一些基本内容。

一、确定图上点的平面坐标与高程

1. 求点的平面坐标

点的平面坐标可以利用地形图上的坐标格网的坐标值确定，具体用比例尺在图上量取。

如图 5-25 所示，欲求图上 A 点的坐标，首先找到 A 点所处的小方格，并用直线连接成小正方形 abcd，过 A 点作格网线的平行线，交小格网边于 g、e 点，再量取 ag 和 ae 的图上长度，即可得到 A 点的坐标为

$$x_A = x_a + \overline{ag} \cdot M \tag{5-5}$$

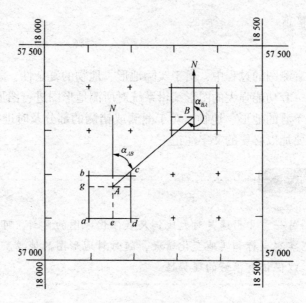

图 5-25　点的平面位置量测

$$y_A = y_a + \overline{ae} \cdot M$$

式中　M——地形图比例尺分母。

考虑图纸伸缩变形的影响，A 点坐标可按下式计算：

$$x_A = x_a + \frac{10}{\overline{ab}} \overline{ag} \cdot M$$
$$y_A = y_a + \frac{10}{\overline{ab}} \overline{ae} \cdot M$$

(5-6)

2. 求点的高程

如图 5-26 所示，某点位置恰好位于图上某一条等高线上，则此点高程与该等高线的高程相同。如图中的 E 点，其高程为 54 m。在两条相邻等高线之间的点的高程可以由相邻等高线内插求得。某点 F 位于两条等高线之间，则：

（1）过待求点 F 作等高线的正交线与相邻等高线交于 m、n。

（2）图上量出 mn 和 mF 的距离，计算 F 点高程。

$$H_F = H_m + \frac{\overline{mF}}{\overline{mn}} \cdot h$$

(5-7)

二、确定图上直线的距离、方向（方位角）、坡度

1. 图上直线的距离

（1）解析法。量取两点坐标，用距离公式计算，即

$$D_{AB} = \sqrt{(x_B - x_A)^2 + (y_B - y_A)^2}$$

(5-8)

此法既适用于 A、B 点在同一图幅内的情况，也适用于不在同一图幅内的情况。

（2）图解法。用比例尺量取，解析法的精度高于图解法的精度，但两者均受图解精度

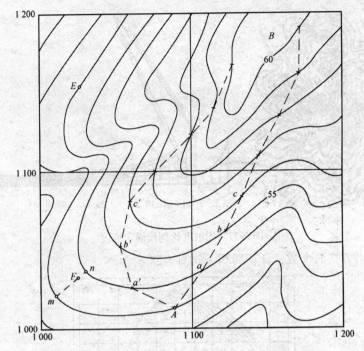

图 5-26 确定点的高程及按坡度限值选定最短路线

的制约。

2. 图上直线的坐标方位角

（1）解析法。量取两点坐标，用坐标反算公式计算出方位角，即

$$\alpha_{AB} = \arctan \frac{y_B - y_A}{x_B - x_A} \tag{5-9}$$

（2）图解法。用量角器量出直线方向与 x 坐标轴方向的夹角。如图 5-25 所示，量出 α_{BA} 和 α_{AB}，取其平均值作为最后结果，即 $\alpha_{AB} = \frac{1}{2} \left[\alpha_{AB} + (\alpha_{BA} \pm 180°) \right]$。

3. 图上直线的坡度

地面上两点的高差与其水平距离的比值称为坡度，用 i 表示。先由上述方法求出两点间的水平距离和高差，再由下式计算其坡度：

$$i = \frac{H_B - H_A}{D_{AB}} \times 100\% \tag{5-10}$$

对绘有坡度比例尺的地形图，量测相邻等高线间的平距，可从图上读出坡度，如图 5-27 所示。

三、面积量算

面积量算方法很多，常用的有以下几种。

1. 方格法

在透明膜片上绘制有正方形格网，每个小方格的边长为 1 mm，将其覆盖在待测面积

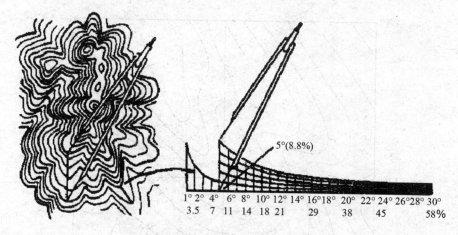

图 5-27　用坡度比例尺确定坡度

的图形上，数出方格的个数，计算面积。如图 5-28 所示。

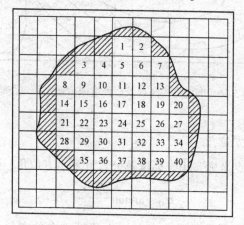

图 5-28　方格法

2. 平行线法

在透明膜片上绘制间距为 2~5 mm 的平行线，蒙在待测图形的图纸上，也可以将平行线直接绘在图形上，由此将待测面积分解成若干梯形，用尺量计算面积。

3. 解析法

如图 5-29 所示，当多边形面积较大，且各顶点的坐标已知时，可根据公式用坐标计算面积。

面积公式：相邻顶点与坐标轴（x 或 y）所围成的各梯形面积的代数和，如图 5-29 所示。

$$P = \frac{1}{2}\left[(x_1+x_2)(y_2-y_1) + (x_2+x_3)(y_3-y_2) - (x_3+x_4)(y_3-y_4) - (x_4+x_1)(y_4-y_1) \right]$$

整理得

$$P = \frac{1}{2}\left[x_1(y_2-y_4) + x_2(y_3-y_1) + x_3(y_4-y_2) + x_4(y_1-y_3) \right] \tag{5-11}$$

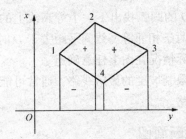

图 5-29　解析法

写成以下四种形式的通用公式：

$$P = \frac{1}{2}\sum_{i=1}^{n} x_i(y_{i+1} - y_{i-1}) \tag{5-12}$$

$$P = \frac{1}{2}\sum_{i=1}^{n} y_i(x_{i+x} - x_{i-1}) \tag{5-13}$$

$$P = \frac{1}{2}\sum_{i=1}^{n} (x_i + x_{i+1})(y_{i+1} - y_i) \tag{5-14}$$

$$P = \frac{1}{2}\sum_{i=1}^{n} (x_i y_{i+1} - x_i + y_i) \tag{5-15}$$

4. 求积仪法

求积仪是一种可在图纸上量算出不同形状图形面积的仪器，如图 5-30 所示。用求积仪计算面积的特点是速度快、精度高、操作简便、适合复杂形状。

图 5-30　求积仪示意图

四、按限制的坡度选定最短线路

道路、渠道、管线等的设计均有坡度限制，有了地形图，就可以根据工程项目的技术要求，规划设计路线的位置、走向和坡度，计算工程量，进行方案比较。下面说明如何按限制坡度在地形图上选择一条最短的路线。

如图 5-26 所示，按坡度和比例尺计算相邻等高线间的最小平距，有 $D = h/i$，再按此距离画弧。具体步骤为：

(1) 已知待选线路的限制坡度。

(2) 从图上可读出等高距。

(3) 计算路线通过相邻等高线的平距 D。

（4）从起点开始用半径为 D 的圆弧找出下一个等高线上的点，直至终点；然后把相邻点连起来，即为所选线路。当两条相邻等高线间平距大于 D 时，说明地面坡度已小于限制坡度，线路方向可以按地面实际情况在图上任意确定。

这样得出的线路就是满足限制坡度的最短线路，通常可能有若干方案，应选择路线顺畅、工程简单、施工方便的线路。

五、绘制指定方向的纵断面图

纵断面图是指以所求方向的水平距离为横轴、高程为纵轴，按一定比例尺绘制的表示地形变化的图形。

有了地形图，可以绘制任何方向的断面图，表示出特定方向的地形起伏变化，如图5-31所示。断面图绘制步骤如下。

（1）确定横纵坐标的比例尺得出所求方向上各地形变换点的水平距离。沿指定方向量取两相邻等高线间的平距，用一定比例标在横坐标轴上。

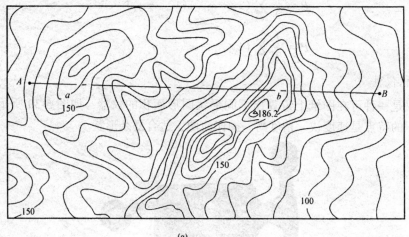

(a)

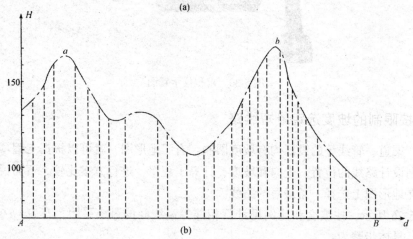

(b)

图 5-31　纵断面图的绘制

（2）量算出各地形变换点的高程，以水平距离为横轴、高程为纵轴绘制各点，按各点的高程以一定比例标在纵坐标轴上。为了较明显地表示地面起伏变化，纵坐标高程比例一般比水平比例大 5~10 倍。

（3）连接各点成断面线。把相邻点用平滑曲线连接起来。

断面图对于路线、管线、隧道、涵洞、桥梁等的规划设计有着重要的意义和作用。

在断面图上还可以解决点与点之间是否通视的问题，例如要知道山顶是否和山脚通视，在断面图上连接两点作直线，若直线在地面上空通过，沿线没有障碍物，则能通视，否则不能通视。若要研究某点通视扇面的问题，则可在点的不同方向上绘制断面图来研究通视情况，综合起来可得该点的视界区和掩蔽区。若以弹道抛物线代替直线，则可研究炮击点、死角地区和死角空间。这些问题的解决，对于架空索道、输电线路、水文观测、测量控制网的布设、军事指挥和军事设施的兴建都有很大的意义。

六、确定汇水面积

在设计桥梁、涵洞和排水管道时，需要知道可能有多大面积的雨水汇集到这里，这个面积称为汇水面积。

> **小贴士**
>
> 由于雨水是沿山脊线（分水线）向两侧分流的，因此，汇水区域由一系列分水线连接而成。欲确定汇水量，应先确定汇水面积的边界，即根据附近山岭的地形情况确定有多大面积的雨水汇集在某个范围内，也就是由附近山岭的分水线围成的面积。

如图 5-32 所示，一条公路经过一山区，拟在 *A* 处架桥或修涵洞，要确定汇水面积。从图中可以看到山脊线 *AB*、*BC*、*CD*、*DE*、*EF*、*FG*、*GH*、*HA*（图中虚线连接）所围成的区域，就是桥涵 *A* 的汇水面积。求出汇水面积后，再依据当地的水文气象资料，便可求出流经 *A* 点处的水量。

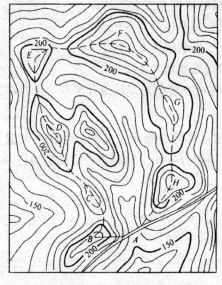

图 5-32　确定汇水面积

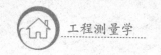

七、平整场地的土方量计算

在建筑、水利、农田等基本建设中，均需要进行土地平整工作。有了地形图，就可以在图上进行土地整理的设计工作，预先进行土石方工程量的计算，比较不同的整理方案，从而选出既合理又省工的最优方案。

1. 方格法

建筑场地的整理面积较大时常用方格法。设计水平场地时的步骤如下。

(1)绘制格网。格网的边长取决于地形的复杂程度、地形图的比例尺以及土石方估算的精度要求，一般取 10 m 或 20 m。

(2)根据等高线内插出格网点的实地高程。

(3)计算出格网点的设计高程。

①若设计高程由设计单位定出，则无须计算。

②填挖方基本平衡时的设计高程。把每一个方格四个顶点的高程相加，除以 4，得每一个方格的平均高程；再把 n 个方格的平均高程加起来，除以方格数 n，得设计高程，即

$$H_{设} = \frac{\sum H_{角} \times 1 + \sum H_{边} \times 2 + \sum H_{拐} \times 3 + \sum H_{中} \times 4}{4n} \tag{5-16}$$

(4)计算各点的填挖高度。

$$h = H_{地} - H_{设}(正数为挖，负数为填)$$

(5)计算填挖方量。

①方法一(用公式 V(体积)$= S$(底面积)$\times h$(高))。根据填挖界线，首先计算那些四个顶点均为正的各个方格的挖方量；其次计算那些四个顶点均为负的各个方格的填方量；再次分别计算填挖界线上四个顶点有正有负的方格的挖方量和填方量；最后将挖方量和填方量分别相加，得总挖方量和总填方量。

②方法二。用加权平均值的方法计算平均填挖高度。

角点：$V = h \times A/4$(角点权的取值为 0.25)。

边点：$V = h \times 2A/4$(边点权的取值为 0.5)。

拐点：$V = h \times 3A/4$(拐点权的取值为 0.75)。

中点：$V = h \times 4A/4$(中点权的取值为 1)。

A 为一方格的面积，再将填方量和挖方量分开求和，得总填方量和总挖方量。

2. 断面法

在场地区域以 2 cm 作相互平行的断面方向线，各线上的设计高程一致，在各平行线上确定填挖分界点，连接成填挖分界线，绘制各平行线的填挖断面图，求出各平行线上的填挖面积，求出总填挖量。

思 考 题

1. 何谓比例尺精度？它有何作用？

2. 何谓等高线？等高距、等高线平距与地面坡度三者之间关系如何？

3. 试画出山头、山脊、山谷、洼地和鞍部等典型地貌的等高线。

4. 测图前，如何绘制坐标格网和展绘控制点？应进行哪些检核和检查？

5. 简述经纬仪绘图法测图的主要步骤。

6. 什么是地物的特征点和地貌的特征点？

7. 全站仪进行碎部测量与经纬仪测绘法测碎部相比，有哪些相同之处和不同之处？其主要优点有哪些？

8. 图幅的拼接与整饰有哪些要求？

9. 试述地形图的重要作用。结合所学专业阐述地形图及有关地形资料（航片、卫片等）在专业工作中所起的作用。

10. 试述分析解析法、求积仪法、图解法三种面积测定方法的优缺点和适用场合。

第六章　控制测量

学习目标

1. 掌握导线测量的外业实施及内业坐标计算方法
2. 掌握三角高程测量的原理及方法

第一节 概述

在一定区域内，按测量要求的精度测定一系列地面标志点（控制点）的平面坐标和高程，建立控制网，这种测量工作称为控制测量。控制网分为平面控制网和高程控制网。测定控制点平面位置的工作称为平面控制测量，测定控制点高程的工作称为高程控制测量。

一、平面控制测量

平面控制测量是确定控制点的平面位置。建立平面控制网的经典方法有三角测量和导线测量。图 6-1 所示点 B、C、D、E、F 组成互相邻接的三角形，观测所有三角形的内角，并至少测量其中一条边作为起算边，通过计算就可以获得它们之间的相对位置。这种三角形的顶点称为三角点，构成的网形称为三角网，进行这种控制测量称为三角测量。

图 6-2 所示控制点 1、2、3、4、5、6 用折线连接起来，依次测量各边的长度和各转折角，通过计算同样可以获得它们之间的相对位置。这种控制点称为导线点，构成的网形称为导线网，进行这种控制测量称为导线测量。

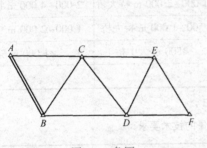

图 6-1　角网

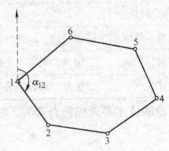

图 6-2　导线网

国家平面控制网是在全国范围内建立的控制网，它是全国各种比例尺测图和工程建设的基本控制网，也为空间科学技术和军事提供精确的点位坐标、距离、方位资料，并为研究地球大小和形状、地震预报等提供重要资料。国家控制网是用精密测量仪器和方法依照施测精度（按一、二、三、四共四个等级）建立的，由高级到低级逐级加密，低级点受高级点逐级控制，分为一、二、三、四等三角测量和精密导线测量。图 6-3 所示为国家一、二等三角控制网的示意图。

> 💡 **小 贴 士**
>
> 平面控制网的建立可采用全球定位系统（GPS）测量、三角测量、三边测量和导线测量等方法。平面控制测量的等级，当采用三角测量、三边测量时依次为二、三、四等和一、二级小三角；当采用导线测量时依次为三、四等和一、二、三级导线。各级公路、桥梁、隧道及其他建筑物的平面控制测量等级的确定应符合表 6-1 的规定。

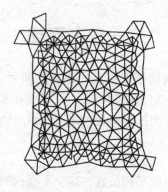

图 6-3 国家一、二等三角控制网的示意图

表 6-1 平面控制测量等级

等级	公路路线控制测量	桥梁桥位控制测量	隧道洞外控制测量
二等三角		>5 000 m 特大桥	>6 000 m 特长隧道
三等三角、导线		2 000~5 000 m 特大桥	4 000~6 000 m 特长隧道
四等三角、导线		1 000~2 000 m 特大桥	2 000~4 000 m 特长隧道
一级小三角、导线	高速公路、一级公路	500~1 000 m 特大桥	1 000~2 000 m 中长隧道
二级小三角、导线	二级及二级以下公路	<500 m 大中桥	<1 000 m 隧道
三级导线	三级及三级以下公路	—	

三角测量的技术要求应符合表 6-2 的规定。

表 6-2 角测量的技术要求

等级	平均边长/km	测角中误差	起始边边长相对中误差	最弱边边长相对中误差	三角形闭合差	测回数		
						DJ$_1$	DJ$_2$	DJ$_3$
二等	3.0	±1.0″	1/250 000	1/120 000	±3.5″	12	—	—
三等	2.0	±1.8″	1/150 000	1/70 000	±7.0″	6	9	—
四等	1.0	±2.5″	1/100 000	1/40 000	±9.0″	4	6	—
一级小三角	0.5	±5.0″	1/40 000	1/20 000	±15.0″	—	3	4
二级小三角	0.3	±10.0″	1/20 000	1/10 000	±30.0″			3

三边测量的技术要求应符合表 6-3 的规定。

表 6-3 边测量的技术要求

等级	平均边长/km	测距相对中误差
二等	3.0	1/250 000
三等	2.0	1/150 000
四等	1.0	1/100 000
一级小三角	0.5	1/40 000
二级小三角	0.3	1/20 000

光电测距仪按精度分级见表 6-4。

表 6-4　光电测距仪按精度分级

测距仪精度等级	每千米测距中误差 m_D/mm
Ⅰ 级	$m_D \leq 5$
Ⅱ 级	$5 < m_D \leq 10$
Ⅲ 级	$10 < m_D \leq 20$

光电测距的技术要求见表 6-5。

表 6-5　光电测距的技术要求

平面控制网等级	测距仪精度等级	观测次数 往	观测次数 返	总测回数	一测回读数较差/mm	单程各测回较差/mm	往返较差
二、三等	Ⅰ	1	1	6	≤5	≤1	$\pm\sqrt{2}(a+bD)$
二、三等	Ⅱ	1	1	8	≤10	≤15	$\pm\sqrt{2}(a+bD)$
四等	Ⅰ	1	1	4~6	≤5	≤7	$\pm\sqrt{2}(a+bD)$
四等	Ⅱ	1	1	4~8	≤10	≤15	$\pm\sqrt{2}(a+bD)$
一级	Ⅱ	1	1	2	≤10	≤15	$\pm\sqrt{2}(a+bD)$
一级	Ⅲ	1	1	4	≤20	30	$\pm\sqrt{2}(a+bD)$
二级	Ⅱ	1	1	1~2	≤10	≤15	$\pm\sqrt{2}(a+bD)$
二级	Ⅲ	1	1	2	≤20	≤30	$\pm\sqrt{2}(a+bD)$

注：测回是指照准目标一次，读数 2~4 次的过程。

采用普通钢尺测量基线长度时，应符合表 6-6 的规定。

表 6-6　普通钢尺测量基线长度的技术要求

等级	定向偏向/cm	最大高差/m	每尺段往返高差之差/mm 30 m	每尺段往返高差之差/mm 50 m	最小读数/mm	三组读数之差/mm	同段尺长差/mm 30 m	同段尺长差/mm 50 m	全长各尺之差/mm	外业手簿计算单位/mm 尺长	外业手簿计算单位/mm 改正	外业手簿计算单位/mm 高差
一级 二级	5	4	4	5	0.5	1.0	2.0	3.0	30	0.1	0.1	1.0

一级、二级导线采用普通钢尺测量导线边长时，其技术要求应符合表 6-7 的规定。

表 6-7　普通钢尺测量导线边长的技术要求

等级	定线偏差/cm	每尺段往返高差之差/cm	最小读数/mm	三组读数之差/mm	同段尺长差/mm	外业手簿计算取值单位/mm 尺长	外业手簿计算取值单位/mm 各项改正	外业手簿计算取值单位/mm 高差
一级	5	1	1	2	3	1	1	1
二级	5	1	1	3	4	1	1	1

注：每尺段指两根同向测量或单尺往返测量。

城市控制测量为大比例尺地形测量建立控制网，作为城市规划、施工放样的测量依

据。城市平面控制网一般可分为二、三、四等三角网，一、二级小三角网或一、二、三级导线。城市三角网及图根三角网的主要技术要求见表6-8，城市导线及图根导线的主要技术要求见表6-9。

表 6-8　城市三角网及图根三角网的主要技术要求

等级	测角中误差	三角形最大闭合差	平均边长/km	起始边相对中误差	最弱边相对中误差	测回数		
						DJ$_1$	DJ$_2$	DJ$_3$
二等	±1.0″	±3.5″	9	1：300 000	1：120 000	12		
三等	±1.8″	±7.0″	5	首级1：200 000	1：80 000	6	9	
四等	±2.5″	±9.0″	2	首级1：120 000	1：45 000	4	6	
一级	±5″	±15″	1	1：40 000	1：20 000		2	6
二级	±10″	±30″	0.5	1：20 000	1：10 000			2
图根	±20″	±60″	不大于测图最大视距的1.7倍	1：10 000				

表 6-9　城市导线及图根导线的主要技术要求

等级	测角中误差	方向角闭合差	附合导线长度/km	平均边长/m	测距中误差/mm	全长相对中误差
一级	±5″	±10″$\sqrt{n}$	3.6	300	±15	1：14 000
二级	±8″	±16″$\sqrt{n}$	2.4	200	±15	1：10 000
三级	±12″	±24″$\sqrt{n}$	1.5	120	±15	1：6 000
图根	±30″	±40″$\sqrt{n}$				1：2 000

在小地区(面积在 10 km^2 以下)范围内建立的控制网称为小地区控制网。小地区控制测量应视测区的大小建立首级控制和图根控制。首级控制是在全国测区范围内建设的精度最高的控制网，是加密图根点的依据。在已经有基本控制网的地区测绘大比例尺地形图，应该进一步加密，布设图根控制网，以测定测绘地形图所需直接使用的控制点，即图根控制点，简称图根点。测定图根点的工作称为图根控制测量。控制点密度可按表6-10设置。

表 6-10　控制点密度

测图比例尺	1：500	1：1 000	1：2 000	1：5 000
图幅尺寸	50 m × 50 m	50 m × 50 m	50 m × 50 m	40 m×40 m
控制点个数	8	12	15	30

图根三角水平角观测的技术要求见表6-11。

表 6-11　图根三角水平角观测的技术要求

仪器类型	半测回归零差	测回数	测角中误差	三角形最大闭合差	方位角闭合差
DJ$_6$	24″	1	±20″	±60″	±40″$\sqrt{n}$

注：n 为测站数。

二、高程控制测量

建立高程控制网的主要方法是水准测量。在山区也可以采用三角高程测量的方法来建立高程控制网，这种方法不受地形起伏的影响，工作速度快，但其精度较水准测量低。

国家水准测量分为一、二、三、四等，逐级布设。一、二等水准测量用高精度水准仪和精密水准测量方法进行施测，其成果作为全国范围的高程控制之用。三、四等水准测量除用于国家高程控制网的加密外，还在小地区用作建立首级高程控制网。

> 为了城市建设的需要所建立的高程控制称为城市水准测量，采用二、三、四等水准测量及直接为测地形图所用的图根水准测量。

公路高程系统宜采用 1985 国家高程基准。同一条公路应采用同一个高程系统，不能采用同一系统时，应给定高程系统的转换关系。独立工程或三级以下公路联测有困难时，可采用假定高程。公路高程测量采用水准测量。在进行水准测量确有困难的山岭地带以及沼泽、水网地区，四、五等水准测量可用光电测距三角高程测量。各级公路及构造物的水准测量等级应按表 6-12 选定。

表 6-12　各级公路及构造物的水准测量等级

测量项目	等级	水准路线最大长度/km
4 000 m 以上特长隧道、2 000 m 以上特大桥	三等	50
高速公路、一级公路、1 000~2 000 m 特大桥、2 000~4 000 m 长隧道	四等	16
二级及二级以下公路、1 000 m 以下桥梁、2 000 m 以下隧道	五等	10

水准测量的精度应符合表 6-13 的规定。

表 6-13　水准测量的精度

等级	每公里高差中数误差/mm		往返较差、附合或环线闭合差/mm		检测已测段高差之差/mm
	偶然中误差	全中误差	平原微丘区	山岭重丘区	
三等	±3	±6	$\pm 12\sqrt{L}$	$\pm 3.5\sqrt{n}$ 或 $\pm 15\sqrt{L}$	$\pm 20\sqrt{L_i}$
四等	±5	±10	$\pm 20\sqrt{L}$	$\pm 6.0\sqrt{n}$ 或 $\pm 25\sqrt{L}$	$\pm 30\sqrt{n_i}$
五等	±8	±16	$\pm 30\sqrt{L}$	$\pm 45\sqrt{L}$	$\pm 40\sqrt{L_i}$

注：计算往返较差时，L 为水准点间的路线长度(km)；计算附合或环线闭合差时，L 为附合或环线的路线长度(km)；n 为测站数；L_i 为检测测段长度(km)。

水准测量的观测方法应符合表 6-14 的规定。

表 6-14 水准测量的观测方法

等级	仪器类型	水准尺类型	观测方法		观测方法
三等	DS$_1$	因瓦	光学观测法	往	后-前-前-后
	DS$_3$	双面	中丝读数法	往返	后-前-前-后
四等	DS$_3$	双面	中丝读数法	往返、往	后-后-前-前
五等	DS$_3$	单面	中丝读数法	往返、往	后-前

水准测量的技术要求应符合表 6-15 的规定。

表 6-15 水准测量的技术要求

等级	水准仪的型号	视线长度/m	前后视较差/m	前后视累积差/m	视线离地面最低高度/m	红黑面读数差/mm	黑红面高差较差/mm
三等	DS$_1$	100	3	6	0.3	1.0	1.5
	DS$_3$	75				2.0	3.0
四等	DS$_3$	100	5	10	0.2	3.0	5.0
五等	DS$_3$	100	大致相等	—	—	—	—

第二节 导线测量

导线测量是在地面上选定一系列点连成折线，在点上设置测站，然后采用测边、测角方式来测定这些点的水平位置的方法，是建立国家大地控制网的一种方法，也是工程测量中建立控制点的常用方法。

测站点连成的折线称为导线，测站点称为导线点。从一起始点坐标和方位角出发，测量每相邻两点间的距离和每一导线点上相邻边间的夹角，用测得的距离和角度依次推算各导线点的水平位置。导线测量的技术要求见表 6-16。

表 6-16 导线测量的技术要求

等级	附合导线长度/km	平均边长/km	每边测距中误差/mm	测角中误差	导线全长相对闭合差	方位角闭合差	测回数 DJ$_1$	测回数 DJ$_2$	测回数 DJ$_6$
三等	30	2.0	13	1.8″	1/55 000	±3.6″$\sqrt{n}$	6	10	—
四等	20	1.0	13	2.5″	1/35 000	±5″$\sqrt{n}$	4	6	—
一级	10	0.5	17	5.0″	1/15 000	±10″$\sqrt{n}$	—	2	4
二级	6	0.3	30	8.0″	1/10 000	±16″$\sqrt{n}$	—	1	3
三级	—	—	—	20.0″	1/2 000	±30″$\sqrt{n}$	—	1	2

注：表中 n 为测站数。

一、导线的布设形式

导线测量的布设形式有以下几种：

（1）闭合导线。

导线的起点和终点为同一个已知点，形成闭合多边形，如图6-4（a）所示，B 点为已知点，P_1、…、P_n 为待测点，α_{AB} 为已知方向。

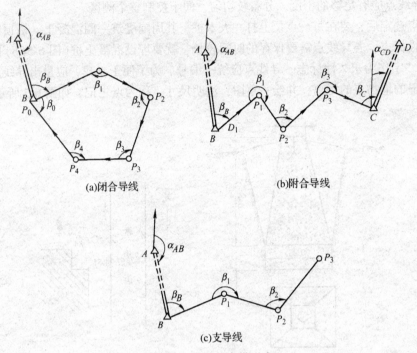

图6-4　导线的布设形式

（2）附合导线。

布设在两个已知点之间的导线称为附合导线。如图6-4（b）所示，B 点为已知点，α_{AB} 为已知方向，经过 P_i 点最后附合到已知点 C 和已知方向 α_{CD}。

（3）支导线。

从一个已知点出发不回到原点，也不附合到另外已知点的导线称为支导线，支导线也称自由导线，如图6-4（c）所示。由于支导线无法检核，因此布设时应十分仔细，规范规定支导线不得超过三条边。

二、导线测量的外业工作

导线测量的外业工作包括踏勘选点及建立标志、量边、测角和连测。

1. 踏勘选点及建立标志

选点前，应调查搜集测区已有地形图和高一级的控制点的成果资料，把控制点展绘在地形图上，然后在地形图上拟定导线的布设方案，最后到野外去踏勘，实地核对、修改、落实点位。如果测区没有地形图资料，则需详细踏勘现场，根据已知控制点的分布、测区地形条件及测图和施工需要等具体情况合理地选定导线点的位置。

实地选点时，应注意以下几点：

（1）相邻点间通视良好，地势较平坦，便于测角和量距。

（2）点位应选在土质坚实处，便于保存标志和安置仪器。

（3）视野开阔，便于测图和放样。

（4）导线各边的长度应大致相等，除特殊情形外，对于二、三级导线，其边长应不大于 350 m，也不宜小于 50 m，平均边长见表 6-16。

（5）导线点应有足够的密度，分布较均匀，便于控制整个测区。

导线点选定后，要在每一点位上打一大木桩，其周围浇筑一圈混凝土，桩顶钉一小钉作为临时性标志；若导线点需要保存的时间较长，就要埋设混凝土桩（图 6-5（b））或石桩，桩顶刻"十"字作为永久性标志。导线点应统一编号。为了便于寻找，应量出导线点与附近固定而明显的地物点的距离，并绘一草图，注明尺寸，称为点之记，如图 6-5 所示。

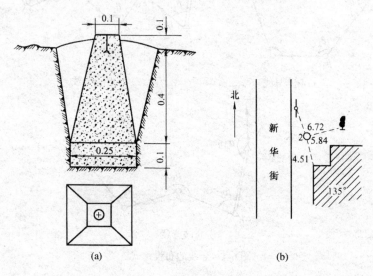

图 6-5　导线点埋置图

2. 量边

导线边长可用光电测距仪测定，测量时要同时观测竖直角，供倾斜改正之用。若用钢尺测量，钢尺必须经过检定。对于一、二、三级导线，应按钢尺量距的精密方法进行测量。对于图根导线，用一般方法往返测量或同一方向测量两次，取其平均值，并要求其相对误差不大于 1/3 000。钢尺量距结束后，应进行尺长改正、温度改正和倾斜改正，三项改正后的结果作为最终成果。

如果导线遇到障碍，不能直接测量，可采用电磁波测距仪（全站仪）测定。无条件时，可采用间接方法测定。如图 6-6 所示，导线边 FG 跨越河流，这时选定一点 P，要求基线 FP 便于测量，且 $\triangle FGP$ 接近等边三角形。测量基线长度 b，观测内角 α、β、γ。当三角形内角和与 $180°$ 之差不超过 $60″$ 时，则将闭合差反符号均分于三个内角，然后用正弦定理算出导线边长 FG。

3. 测角

用测回法施测导线的转折角及连接角。转折角包括左角和右角，左角是位于导线前进方向左侧的角，右角是位于导线前进方向右侧的角。一般在附合导线或支导线中测量导线右角，在闭合导线中均测内角。若闭合导线按顺时针方向编号，则其右角就是内角。测角时，为了便于瞄准，可在已埋设的标志上用三根竹竿吊一个大垂球，或用测钎、觇牌作为照准标志。水平角方向观测法的各项限差应符合表 6-17 的规定。

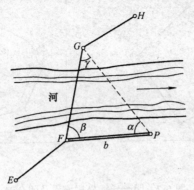

图 6-6 边长间接测量图

表 6-17 水平角方向观测法的各项限差

等级	经纬仪型号	光学测微器两次重合读数差	半测回归零差	一测回中两倍照准差(2c)较差	同一方向各测回间较差
四等及以上	DJ$_1$	1″	6″	9″	6″
	DJ$_2$	3″	8″	13″	9″
一级及以下	DJ$_2$	—	12″	18″	12″
	DJ$_6$	—	18″	—	24″

注：当观测方向的垂直角超过±3°时，该方向的 2c 较差可按同一观测时间段内相邻测回进行比较。

4. 连测

导线与高级控制点连接必须观测连接角、连接边，作为传递坐标方位角和坐标之用。如果附近无高级控制点，则应用罗盘仪施测导线起始边的磁方位角，并假定起始点的坐标作为起算数据。

三、导线测量的内业计算

导线测量内业计算的目的就是计算各导线点的平面坐标 x、y，计算之前，应先全面检查导线测量外业记录、数据是否齐全，有无记错、算错，成果是否符合精度要求，起算数据是否准确；然后绘制计算略图，将各项数据注在图上的相应位置。

1. 闭合导线坐标计算

（1）准备工作。

将校核过的外业观测数据及起算数据填入"闭合导线坐标计算表"中，见表 6-18，起算数据用单线标明。

（2）角度闭合差的计算与调整。

①计算角度闭合差。如图 6-7 所示，n 边形闭合导线内角和的理论值为

$$\sum \beta_{理} = (n-2) \times 180° \tag{6-1}$$

式中 n——导线边数或转折角数。

由于观测水平角不可避免地含有误差，因此实测的内角之和不等于理论值，两者之差称为角度闭合差，用 f_β 表示，即

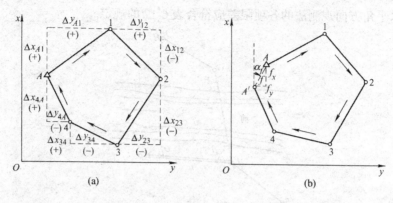

图 6-7 闭合导线坐标增量及闭合差

$$f_\beta = \sum \beta_测 - \sum \beta_理 = \sum \beta_测 - (n-2) \times 180° \qquad (6-2)$$

②计算角度闭合差的允许值。角度闭合差的大小反映了水平角观测的质量。各级导线角度闭合差的允许值 $f_{\beta允}$ 见表 6-18,其中图根导线角度闭合差的允许值 $f_{\beta允}$ 的计算式为

$$f_{\beta允} = \pm 40'' \sqrt{n} \qquad (6-3)$$

如果 $|f_\beta| > |f_{\beta允}|$,说明所测水平角不符合要求,应对水平角重新检查或重测;如果 $|f_\beta| \le |f_{\beta允}|$,说明所测水平角符合要求,可对所测水平角进行调整。

③计算水平角改正数。如角度闭合差不超过角度闭合差的允许值,则将角度闭合差反符号平均分配到各观测水平角中,也就是每个水平角加相同的改正数 v_β,计算式为

$$v_\beta = -\frac{f_\beta}{n} \qquad (6-4)$$

计算检核:水平角改正数之和应与角度闭合差大小相等符号相反,即

$$\sum v_\beta = f_\beta \qquad (6-5)$$

④计算改正后的水平角改正后的水平角 $\beta_改$ 等于所测平角加上水平角改正数 v_β,即

$$\beta_改 = \beta_i + v_\beta \qquad (6-6)$$

计算检核:改正后的闭合导线内角之和应为 $(n-2) \times 180°$。

(3)推算各边的坐标方位角。

根据起始边的已知坐标方位角及改正后的水平角,利用下式推算其他各导线边的坐标方位角:

$$\alpha_前 = \alpha_后 + \beta_左 - 180°$$

$$\alpha_前 = \alpha_后 - \beta_右 + 180°$$

计算检核:最后推算出起始边坐标方位角,它应与原有的起始边已知坐标方位角相等,否则应重新检查计算。

(4)坐标增量的计算及其闭合差的调整。

①计算坐标增量。根据已推算出的导线各边的坐标方位角和相应边的边长,按下式计算各边的坐标增量:

$$\Delta x_{AB} = D_{AB} \cdot \cos \alpha_{AB} \quad \Delta y_{AB} = D_{AB} \cdot \sin \alpha_{AB}$$

②计算坐标增量闭合差。如图 6-7(a)所示,闭合导线的横、纵坐标增量代数和的理论值应为零,即

$$\begin{cases} \sum \Delta x_{理} = 0 \\ \sum \Delta y_{理} = 0 \end{cases} \tag{6-7}$$

实际上由于导线边长测量误差和角度闭合差调整后的残余误差，实际计算所得的 $\sum \Delta x$、$\sum \Delta y$ 不等于零，因此产生纵坐标增量闭合差和横坐标增量闭合差，即

$$f_x = \sum \Delta x_{测}$$

$$f_y = \sum \Delta y_{测}$$

③计算导线全长闭合差 f 和导线全长相对闭合差 K_f。

从图 6-7（b）可以看出，由于坐标增量闭合差 f_x、f_y 的存在，导线不能闭合，产生导线全长闭合差 f，并用下式计算

$$f = \sqrt{f_x^2 + f_y^2} \tag{6-8}$$

仅凭 f 值的大小还不能说明导线测量的精度，衡量导线测量的精度还应该考虑到导线的总长。将 f 与导线全长 $\sum D$ 相比，以分子为 1 的分数表示，称为导线全长相对闭合差 K_f，即

$$K_f = \frac{f}{\sum D} = \frac{1}{\sum D / f} \tag{6-9}$$

以导线全长相对闭合差 K_f 来衡量导线测量的精度，K_f 的分母越大，精度越高。不同等级的导线，其导线全长相对闭合差的允许值见表 6-16，图根导线为 1/2 000。

④调整坐标增量闭合差。调整的原则是将 f_x、f_y 反号，并按与边长成正比的原则分配到各边对应的纵、横坐标增量中去。以 v_{xi}、v_{yi} 分别表示第 i 边的横/纵坐标增量改正数，即

$$\begin{cases} v_{xi} = \dfrac{f_x}{\sum D} \times D_i \\ \\ v_{yi} = -\dfrac{f_y}{\sum D} \times D_i \end{cases} \tag{6-10}$$

（5）坐标计算。

改正后的坐标增量为改正前的坐标增量加上改正数，控制点的坐标为上一点坐标加上坐标增量，即

$$\begin{cases} \Delta x_{i改} = \Delta x_i + v_{xi} \\ \Delta y_{i改} = \Delta y_i + v_{yi} \end{cases} \tag{6-11}$$

$$\begin{cases} x_{i+1} = x_i + \Delta x_{i改} \\ y_{i+1} = y_i + \Delta y_{i改} \end{cases} \tag{6-12}$$

【例 6-1】如图 6-8 所示，已知 A 点坐标（450.00 m，450.00 m），试计算闭合导线点 B、C、D、E 的坐标。

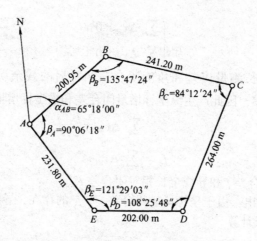

图 6-8　闭合导线图

【解】计算过程及计算结果见表 6-18。

表 6-18　闭合导线坐标计算表

测站	角度观测值	改后角度值	方位角	导线长/m	坐标增量计算值/m		改正后坐标增量/m		坐标值/m	
					Δx	Δy	Δx	Δy	x	y
1	2	3	4	5	6		7	8		
A			65°18′00″	200.95	(+0.05) +83.97	(0.00) +67.26	84.02	182.56	450.00	450.00
B	(−12″) 135°47′24″	135°47′12″	109°25′37″	241.20	(+0.06) −80.57	(−0.01) +144.68	−80.51	227.34	534.02	632.56
C	(−11″) 84°12′24″	84°12′13″	205°18′35″	264.00	(+0.07) −238.66	(−0.01) +187.05	−238.59	−112.87	453.51	859.90
D	(−11″) 108°25′48″	108°25′37″	276°52′58″	202.00	(+0.05) +24.21	(0.00) +129.60	24.26	−200.54	214.92	747.03
E	(−11″) 121°29′03″	121°28′52″	335°24′06″	231.80	(+0.06) +210.76	(0.00) −96.49	210.82	−96.49	239.18	546.49
A	(−12″) 90°06′18″	90°06′06″							450.00	450.00

辅助计算

$f_\beta = \sum \beta_i - (5-2) \times 180° = +57''$，$f_{\beta允} = \pm 40'' \sqrt{n} = \pm 89''$，$\sum D = 1\ 139.95$ m

$f_x = \sum \Delta x_i - 0 = -0.29$ m，$f_y = \sum \Delta y_i - 0 = +0.02$ m，$f = \sqrt{f_x^2 + f_y^2} = 0.29$ m

$K = \dfrac{f}{\sum D} = \dfrac{1}{3\ 921} < \dfrac{1}{2\ 000}$

2. 附合导线坐标计算

对于附合导线，闭合差计算公式中的 $\sum \beta_理$、$\sum \Delta x_理$、$\sum \Delta y_理$ 与闭合导线的不同。下面着重介绍其不同点。

（1）角度闭合差中 $\sum\beta_{\text{理}}$ 的计算。

设有附合导线如图 6-9 所示，已知起始边 AB 的坐标方位角 α_{AB} 和终边 CD 的坐标方位角 α_{CD}。观测所有左角 β_i（包括连接角 β_B 和 β_C）。

根据方位角推算公式有

$$\alpha_{CD} = \alpha_{AB} - 4 \times 180° + \sum\beta_{\text{理左}}$$

写成一般公式，为

$$\alpha_{CD} = \alpha_{AB} - n \times 180° + \sum\beta_{\text{理左}}$$

式中 n——水平角观测个数。满足上式的 $\sum\beta_{\text{理左}}$ 即为左角的理论值之和。

将上式整理可得

$$\sum\beta_{\text{理左}} = \alpha_{\text{终}} - \alpha_{\text{始}} + n \times 180°$$

$$(6-13)$$

若观测右角，得

$$\sum\beta_{\text{理右}} = \alpha_{\text{始}} - \alpha_{\text{终}} + n \times 180°$$

$$(6-14)$$

必须特别注意，在调整角度闭合差时，若观测角为左角，应以与闭合差相反符号分配角度闭合差；若观测角是右角，则应以与闭合差相同符号分配角度闭合差。

（2）坐标增量闭合差中 $\sum\Delta x_{\text{理}}$、$\sum\Delta y_{\text{理}}$ 的计算。

附合导线的坐标增量代数和的理论值应等于终、始两点的已知坐标值之差，即

$$\begin{cases} \sum\Delta x_{\text{理}} = x_{\text{终}} - x_{\text{始}} \\ \sum\Delta y_{\text{理}} = y_{\text{终}} - y_{\text{始}} \end{cases}$$

$$(6-15)$$

附合导线的导线全长闭合差、全长相对闭合差和允许相对闭合差的计算，以及增量闭合差的调整，与闭合导线相同。

【例 6-2】已知附合导线 A、B、E、F 坐标，其他测量数据如图 6-9 所示，求导线点 P_1、P_2、P_3 坐标。

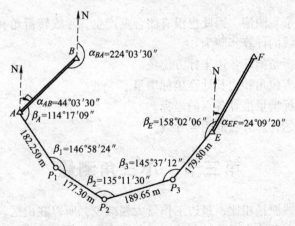

图 6-9　附合导线图

【解】计算过程和计算结果见表 6-19。

表 6-19　附合导线计算表

测站	角度观测值	改后角度值	方位角	导线长/m	坐标增量计算值/m		改正后坐标增量/m		坐标值/m	
					Δx	Δy	Δx	Δy	x	y
1	2	3	4	5	6		7		8	
B			224°03′30″	182.25	(−0.03) −169.38	(+0.03) +67.26				
								67.29		
A	(−06″) 114°17′09″	114°17′03″							640.90	1 068.74
			158°20′33″	177.30	(−0.03) −102.49	(+0.02) +144.68		144.70		
P₁	(−06″) 146°58′24″	146°58′18″							471.49	1 136.03
			125°18′51″	189.65	(−0.03) +31.29	(+0.03) +187.05	31.26	187.08		
P₂	(−07″) 135°11′30″	135°11′23″							368.97	1 280.73
			80°30′14″	179.80	(−0.03) +124.62	(+0.02) +129.60	124.59	129.62		
P₃	(−06″) 145°37′12″	145°37′06″							400.23	1 467.81
			46°07′20″							
E	(−06″) 158°02′06″	158°02′00″							524.82	1 597.43
			24°09′20″							
F										

辅助计算	$f_\beta = \alpha_{AB} + \sum \beta_i - 5 \times 180° - \alpha_{EF} = +31''$, $f_{\beta允} = \pm 40'' \sqrt{n} = \pm 89''$, $\sum D = 729.00$ m
	$f_x = \sum \Delta x_i - (x_E - x_A) = -115.96$ m $- (-116.08)$ m $= +0.12$ m
	$f_y = \sum \Delta y_i - (y_E - y_A) = -0.1$ m, $f = \sqrt{f_x^2 + f_y^2} = 0.16$ m
	$K = \dfrac{f}{\sum D} = \dfrac{1}{4\ 556} < \dfrac{1}{2\ 000}$

3. 支导线的坐标计算

支导线中没有多余观测值，因此也没有闭合差产生，导线转折角和计算的坐标增量不需要进行改正。支导线的计算步骤为：

①根据观测的转折角推算各边坐标方位角。

②根据各边坐标方位角和边长计算坐标增量。

③根据各边的坐标增量推算各点的坐标。

以上各计算步骤的计算方法同闭合导线。

第三节　小三角测量

小三角测量与导线测量相比，量边工作量大幅减少，所以在山区、丘陵和城市首级控制网大多采用小三角测量建立平面控制网。三角网常用的基本图形有单三角锁、中点多边形、大地四边形、线形锁等，如图 6-10 所示。本节只介绍单三角锁测量。

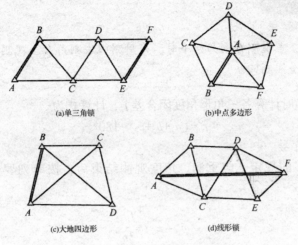

（a）单三角锁　　　　　　　　　（b）中点多边形

（c）大地四边形　　　　　　　　（d）线形锁

图 6-10　小三角网的基本图形

一、小三角测量作业

小三角测量外业工作包括踏勘选点及建立标志、角度测量和基线边测量。

1. 踏勘选点及建立标志

同导线测量，选点前要搜集测区已有的地形图和控制点成果，在图上初步拟定布网方案，再到实地踏勘选点。选点应注意以下几点：

①基线应选在地势平坦、便于量距的地方（用电磁波测距仪测基线，不受此限制）。

②三角点应选在地势较高、土质坚实的地方，相邻三角点应互相通视。

③为保证推算边长的精度，三角形内角一般不应小于 30°，不应大于 120°。小三角点选定后，同导线测量一样应在地面上埋置标志，记作绘制点。

2. 角度测量

角度测量是小三角测量的主要外业工作，有关技术指标见表 6-2。三角点照准标志一般用花杆或小标杆，底部对准三角点标志中心，标杆用杆架或三根钢丝拉紧，并保证拉杆垂直。当边长较短时，可用三个支架悬挂垂球，在垂球线上系一小花杆做照准标志，如图 6-11 所示。

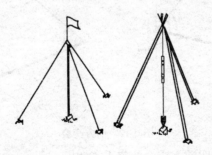

图 6-11　小三角点照准标志

在三角点上，当观测方向为两个时，采用测回法测角；当观测方向为三个或三个以上时，采用全圆测回法。

角度测量时应随时计算各三角形角度闭合差 f_i，计算式为

$$f_i = (a_i + b_i + c_i) - 180°$$ (6-16)

式中　i——三角形序号。

若 f_i 超出表 6-2 的规定，应重测。角度观测结束后，按菲列罗公式计算测角中误差 m_β：

$$m_\beta = \pm \sqrt{\frac{[f_i^2]}{3n}}$$ (6-17)

3. 基线测量

一般采用电磁波测距测量三角网起始边的平距。若采用钢尺测量时，要用精密测量方法。

第四节　交会定点

当原有控制点不能满足工程需要时，可用交会法加密控制点，称为交会法定点。常用的交会法有前方交会、后方交会和距离交会。

一、前方交会

如图 6-12(a)所示，在已知点 A、B 处分别对 P 点观测水平角 α 和 β，求 P 点坐标，这一过程称为前方交会。为了检核和提高 P 点精度，通常需要从三个已知点 A、B、C 分别向 P 点观测水平角，如图 6-12(b)所示，分别由两个三角形计算 P 点坐标。

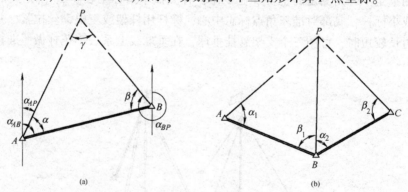

图 6-12　前方交会

现以一个三角形为例说明前方交会的定点方法。

①已知点 A、B 的坐标分别为 (x_A, x_B) 和 (y_A, y_B)，计算已知边 AB 的方位角和边长为

$$\begin{cases} \alpha_{AB} = \arctan \dfrac{y_B - y_A}{x_B - x_A} \\ D_{AB} = \sqrt{(x_B - x_A)^2 + (y_B - y_A)^2} \end{cases} \tag{6-18}$$

②在 A、B 两点设站，测出水平角 α、β，再推算 AP 和 BP 边的坐标方位角和边长，由图 6-12(a) 得

$$\begin{cases} \alpha_{AP} = \alpha_{AB} - \alpha \\ \alpha_{AB} = \alpha_{BA} + \beta \end{cases} \tag{6-19}$$

$$\begin{cases} D_{AP} = \dfrac{D_{AB} \sin \beta}{\sin \gamma} \\ D_{BP} = \dfrac{D_{AB} \sin \alpha}{\sin \gamma} \end{cases} \tag{6-20}$$

$$\gamma = 180° - (\alpha + \beta) \tag{6-21}$$

③最后计算 P 点坐标。分别由 A 点和 B 点按下式推算 P 点坐标，并校核。

$$\begin{cases} x_P = x_A + D_{AP} \cos \alpha_{AP} \\ y_P = y_A + D_{AP} \sin \alpha_{AP} \end{cases} \tag{6-22}$$

$$\begin{cases} x_P = x_B + D_{BP} \cos \alpha_{BP} \\ y_P = y_B + D_{BP} \sin \alpha_{BP} \end{cases} \tag{6-22a}$$

下面介绍一种应用 A、B 坐标分别为 $(x_A,\ x_B)$ 和 $(y_A,\ y_B)$ 和在 A、B 两点设站，测出的水平角 α、β 直接计算 P 点坐标的公式，公式推导从略。

$$\begin{cases} x_P = \dfrac{x_A \cot \beta + x_B \cot \alpha + (y_B - y_A)}{\cot \alpha + \cot \beta} \\ y_P = \dfrac{y_A \cot \beta + y_B \cot \alpha + (x_B - x_A)}{\cot \alpha + \cot \beta} \end{cases} \tag{6-23}$$

应用式(6-23)时，可以直接利用计算器，但要注意 A、B、P 的点号需按逆时针次序排列(图 6-12)。

二、后方交会

1. 后方交会方法

如图 6-13 所示，A、B、C 为已知点，将经纬仪安置在 P 点上，观测 P 点至 A、B、C 各方向的夹角为 γ_1、γ_2、γ_3，根据已知点坐标即可推算 P 点坐标，这种方法称为后方交会。其优点是不必在多个点上设站观测，野外工作量少，故当已知点不易到达时，可采用后方交会法确定待定点。后方交会法计算工作量大，计算公式很多，这里仅介绍其中一种计算方法——全切公式法。

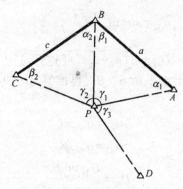

图 6-13　后方交会

下面介绍具体定点方法：

①根据已知点 A、B、C 的坐标 $(x_A,\ y_A)$、$(x_B,\ y_B)$、$(x_C,\ y_C)$，利用坐标反算公式计算 AB、BC 坐标方位角 α_{AB}、α_{BC} 和边长 a、c。

②计算 α_1、β_2。从图 6-13 可知 $\alpha_{BC}-\alpha_{BA}=\alpha_2+\beta_1$，又因

$$\alpha_1+\beta_1+\alpha_2+\beta_2+\gamma_1+\gamma_2=360°$$

$$\alpha_1+\beta_2=360°-(\alpha_2+\beta_1+\gamma_1+\gamma_2)=\theta \tag{6-24}$$

所以有

$$\beta_2=\theta-\alpha_1 \tag{6-25}$$

在 $\triangle APB$ 和 $\triangle BPC$ 中，根据正弦定理可得

$$\frac{a\sin\alpha_1}{\sin\gamma_1}=\frac{c\sin\beta_2}{\sin\gamma_2}=\frac{c\sin(\theta-\alpha_1)}{\sin\gamma_2}$$

$$\sin(\theta-\alpha_1)=\frac{a\sin\alpha_1\sin\gamma_2}{c\sin\gamma_1}$$

经过整理可得

$$\tan\alpha_1=\frac{a\sin\gamma_2}{c\sin\gamma_1\sin\theta}+\cot\theta \tag{6-26}$$

根据式（6-25）和式（6-26）可解出 α_1、β_2。

③计算 α_2、β_1。

$$\beta_1=180°-(\alpha_1+\gamma_1) \tag{6-27}$$

$$\alpha_2=180°-(\beta_2+\gamma_2) \tag{6-28}$$

利用 α_2、β_1 之和应等于 $\alpha_{BC}-\alpha_{BA}$ 做检核。

④用前方交会式（6-23）计算 P 点坐标。为判断 P 点精度，必须在 P 点对第四个已知点 D 进行观测，测出 γ_3。利用已计算出的 P 点坐标和 A、D 两点坐标反算 α_{PA}、α_{PD}，求出 γ_3 为

$$\gamma_3=\alpha_{PD}-\alpha_{PA}$$

$$\Delta\gamma=\gamma_3-\gamma_3' \tag{6-29}$$

对于图根点，$\Delta\gamma$ 的允许值为 $\pm40''$。

2. 危险圆

危险圆如图 6-14 所示，是指在后方交会时，待定点 P 和已知点 A、B、C 刚好都在一

个圆上，在只测角的情况下，由于 P 点在圆周上，其余已知两点的交角是固定不变的，所以 P 点的位置不确定。后方交会存在危险圆的根本原因是它只测角，通过角度来计算 P 点坐标。

危险圆并不是说测点正好落在圆上，而是落在四点共圆的一个圆环区域内，一般认为这个圆环区域的半径为 $R \pm 20$ m。

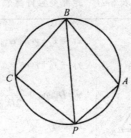

图 6-14　危险圆

三、距离交会

随着电磁波测距仪的应用，距离交会也成为加密控制点的一种常用方法。如图 6-15 所示，在两个已知点 A、B 上分别量至待定点 P_1 的边长 D_A、D_B，求解 P_1 点坐标，这一过程称为距离交会。

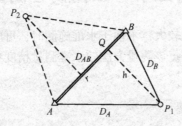

图 6-15　距离交会

下面介绍具体定点方法：

①根据已知点 A、B 坐标 (x_A, y_A)、(x_B, y_B)，求方位角 α_{AB} 和边长 D_{AB}。

②过 P_1 点作 AB 垂线交于 Q 点。垂距 P_1Q 为 h，AQ 为 γ，利用余弦定理求 A 角，即

$$D_B^2 = D_{AB}^2 + D_A^2 - 2D_{AB}D_A \cos A$$

$$\cos A = \frac{D_{AB}^2 + D_A^2 - D_B^2}{2D_{AB}D_A} \tag{6-30}$$

$$\begin{cases} \gamma = D_A \cos A - \dfrac{1}{2D_{AB}}(D_{AB}^2 + D_A^2 - D_B^2) \\ h = \sqrt{D_A^2 - \gamma^2} \end{cases} \tag{6-31}$$

③P_1 点坐标为

$$\begin{cases} x_{P_1} = x_A + \gamma \cos \alpha_{AB} - h \sin \alpha_{AB} \\ y_{P_1} = y_A + \gamma \sin \alpha_{AB} + h \cos \alpha_{AB} \end{cases} \tag{6-32}$$

上式 P_1 点在 AB 线段右侧（A、B、P_1 顺时针构成三角形）。若待定点 P_2 在 AB 线段左

侧（A、B、P_2 逆时针构成三角形），公式为

$$\begin{cases} x_{P_2}=x_A+\gamma\cos\alpha_{AB}+h\sin\alpha_{AB} \\ y_{P_2}=y_A+\gamma\cos\alpha_{AB}-h\cos\alpha_{AB} \end{cases} \tag{6-33}$$

距离交会计算表举例见表 6-21。

表 6-21　距离交会计算表

略图与公式	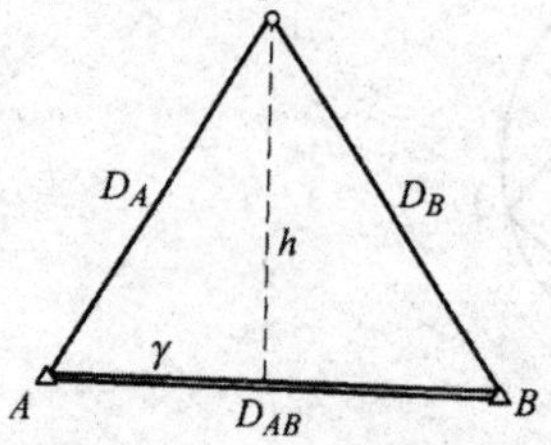 $\begin{cases} x_{P_2}=x_A+\gamma\cos\alpha_{AB}+h\sin\alpha_{AB} \\ y_{P_2}=y_A+\gamma\cos\alpha_{AB}-h\cos\alpha_{AB} \end{cases}$ $\begin{cases} \gamma=D_A\cos A-\dfrac{1}{2D_{AB}}(D_{AB}^2+D_A^2-D_B^2) \\ h=\sqrt{D_A^2-\gamma^2} \end{cases}$				
已知坐标	x_A/m	1 035. 147	y_A/m	2 601. 295	观测数据	D_A/m	703. 760
	x_B/m	1 501. 295	y_B/m	3 270. 053		D_B/m	670. 486
α_{AB}	55°07′20″		D_{AB}/m	815. 188	γ/m	435. 641	
h/m	552. 716		X_p/m	1 737. 692	y_P/m	2 642. 625	

第五节　三角高程测量

当地面两点间的地形起伏较大，不便于水准施测时，可应用三角高程测量的方法测定两点间的高差，从而求得高程。该测量方法较水准测量精度更低，常用于山区各种比例尺测图的高程控制。

一、三角高程测量原理

三角高程测量是根据测站与待测点之间的水平距离和测站向目标点所观测的竖直角来计算两点间的高差的。

如图 6-16 所示，已知 A 点高程 H_A，欲求 B 点高程 H_B。将仪器安置在 A 点，照准 B 标顶端 M，测得竖直角 α。量取仪器高 i 和目标高 s。如果测得 AM 之间的距离 D'，则高差 h_{AB} 为

$$h_{AB}=D'\sin\alpha+i-s \tag{6-34}$$

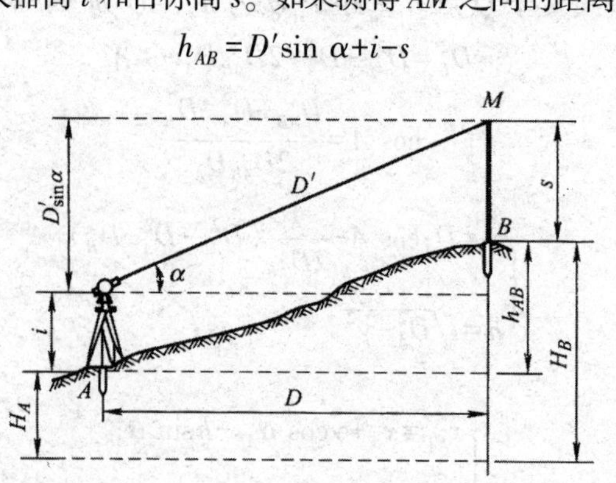

图 6-16　角高程测量原理

如果两点间平距为 D，则 A、B 两点的高差为

$$h_{AB} = D\tan \alpha + i - s \qquad (6-35)$$

B 点高程为

$$H_B = H_A + h_{AB}$$

二、三角高程测量的观测和计算

（1）三角高程测量的观测。

①安置经纬仪于测站上，量取仪器高 i 和目标高 s。

②当中丝瞄准目标时，将竖盘水准管气泡居中，读取竖盘读数。必须以盘左、盘右进行观测。

③竖直角观测测回数与限差应符合表 6-22 的规定。

④用电磁波测距仪测量两点间的倾斜距离 D'，或用三角测量方法计算得两点间的水平距离 D，竖直角观测测回数及限差见表 6-22。

表 6-22　竖直角观测测回数及限差表

等级		四等和一、二级小三角		一、二、三级导线	
仪器		DJ$_2$	DJ$_6$	DJ$_2$	DJ$_6$
项目	测回数	2	4	1	2
	各测回竖直角限差	15″	25″	15″	25″

（2）三角高程测量的计算。

三角高程测量往返测所得的高差之差（经两差改正后）不应大于 $0.1D$（D 为边长，以 km 为单位）。三角高程测量路线应组成闭合附合路线，每边均取对向观测，观测结果列于图上，其路线高差闭合差 f_h 的允许值按下式计算：

$$f_{h允} = \pm 0.05\sqrt{\sum D^2} \qquad (6-36)$$

若 $f_h \leqslant f_{h允}$，则将闭合差按与边长成正比分配给各高差，再按调整后的高差推算各点的高程。

思 考 题

1. 导线的布设形式有哪些？各适用于什么情况？

2. 选择导线点应注意哪些问题？导线的外业工作包括哪些内容？

3. 导线测量内业计算平差的工作有哪些？依据的原则有哪些？

4. 什么情况下采用三角高程测量？简述其操作过程。

5. 小三角网的布设形式有哪些？适用范围是什么？

6. 已知直线的坐标方位角 $\alpha_{AB} = 273°10'30''$，直线 BC 的反方位角为 $312°40'10''$。计算折线 ABC 前进方向的右角。

7. A、B 两点的坐标为 $x_A = 1\ 237.52$ m，$y_A = 976.03$ m；$x_B = 1\ 176.02$ m，$y_B = 1\ 017.35$ m。试求：①AB 水平距离。②AB 边坐标方位角。

第七章　线路工程测量

学 习 目 标

1. 了解勘测设计阶段的测量工作
2. 熟悉公路线路施工测量
3. 理解铁路线路施工测量
4. 掌握桥梁施工测量
5. 掌握管道施工测量

第一节　概述

线路工程包括铁路、公路、渠道、输电线路以及供气、输油等各种用途的管道工程。在线路工程中所进行的各项测量工作称为线路测量。线路测量贯穿线路工程建设的整个过程，从线路的规划设计、勘测设计、工程施工到线路竣工后的运营管理，每个阶段都有相应的测量工作。

一、规划设计阶段

规划设计阶段的主要任务是收集区域内各种比例尺的地形图、平面图、断面图和有关资料，进行图上选线、实地踏勘和方案论证。需要时，可测绘中比例尺的地形图，以便在图上规划线路方案。

二、勘测设计阶段的测量工作

勘测设计阶段分为初测和定测两个阶段。

初测阶段的主要任务是沿规划线路进行平面控制测量和高程控制测量工作，测绘大比例尺的带状地形图，在图上进行定线设计，确定线路直线段及交点位置，标明直线段连接曲线的有关参数。

定测阶段的主要任务是将线路中线测设到地面上，并进行纵、横断面测量，为路线的竖向设计以及路基、路面设计提供详细高程资料。

三、施工阶段的测量工作

施工阶段的主要任务是根据施工设计图纸及相关资料进行施工放样工作。

四、竣工验收和运营管理阶段的测量工作

竣工验收阶段的主要任务是测绘竣工平面图、断面图，监测工程的运营状况，评价工程的安全性。

第二节　公路线路施工测量

公路和城市道路工程，包括路基、路面、隧道结构物、桥涵以及附属设施等。道路路线设计的内容是依据运输任务、行驶要求和地质、地形条件，按安全、快速、经济的原则来选定路线的布局并设定其位置，确定路线的平面以及纵、横断面的各项几何要素，进行道路的平面和立体的交叉设计等。

一、公路的等级

不同类型和等级的道路组成了整个道路网，同时各条道路在道路网中又有不同的作用。按照《公路工程技术标准》(JTGB 01—2003)规定，根据功能和适应的交通量，把公路

分为以下五个等级：

（1）高速公路，专供汽车分向、分车道行驶，并应全部控制出入的多车道公路。

（2）一级公路，供汽车分向、分车道行驶，并可根据需要控制出入的多车道公路。

（3）二级公路，供汽车行驶的双车道公路。

（4）三级公路，供汽车行驶的双车道公路。

（5）四级公路，主要供汽车行驶的双车道或单车道公路。

各级和各类公路所适应的交通量见表7-1～7-3。

表7-1　高速公路能适应的年平均日交通量

设计速度/(km·h⁻¹)	四车道/(pcu·d⁻¹)	六车道/(pcu·d⁻¹)	八车道/(pcu·d⁻¹)
120	40 000～55 000	55 000～80 000	80 000～100 000
100	35 000～50 000	50 000～70 000	70 000～90 000
80	25 000～45 000	45 000～60 000	60 000～80 000

表7-2　级公路能适应的年平均日交通量

设计速度/(km·h⁻¹)	四车道/(pcu·d⁻¹) $\sum K_i = 1.9$	六车道/(pcu·d⁻¹) $\sum K_i = 2.65$
100	27 000～30 000	30 000～55 000
80	20 000～27 000	27 000～45 000
60	15 000～25 000	25 000～35 000

注：表中 K_i 为各个车道的交通系数。

表7-3　三、四级公路能适应的年平均日交通量

公路等级	设计速度/(km·h⁻¹)	设计通行能力/(pcu·h⁻¹)	方向分布影响系数	设计小时交通量系数	适应的年平均日交通量/(pcu·d⁻¹)
二级公路	40～80	550～1 600	0.94	0.09～0.18	5 000～15 000
三级公路	30～40	400～700	0，94	0.10～0.13	2 000～6 000
四级公路	20	<400	0.94	0.13～0.18	<2 000

二、公路线路的勘测

公路由线性和结构物两部分组成。由于受到自然条件、地物、水文等条件的影响，公路在平面和纵面上均由直线和曲线组成。公路结构主要由路基、路面、排水结构物、桥梁、隧道、挡土墙、防护工程等组成。

公路线路勘测分为两阶段勘测和一阶段勘测两种，公路和独立大桥勘测工作一般应采用两阶段设计，但在修建任务紧急的建设项目以及工程简易、方案明确的小型建设项目时宜采用一阶段设计。

小 贴 士

不论线路采用哪一种阶段设计，都需要进行相应的勘测工作，公路线路勘测中的测量工作分为初测和定测两阶段进行。

三、公路线路的初测

初测是道路工程初步设计阶段的测量工作，根据已批准的计划任务书和勘测报告中已确定的路线走向、路线等级以及技术要求指标等，对有价值的方案进一步勘测落实，进行导线测量、水准测量和地形测量，作为定测的依据。

1. 导线测量

导线的位置应尽可能选在符合或接近线路将来要通过的位置，导线点间的距离应不大于 500 m，不小于 50 m。当距离超过 500 m 时中间要设置转点。在地形简单的地段，应做到导线即为选定的路线，并在现场拟定半径；在线路平、纵断面受限制的地区，导线可按规定的平均坡度布设，并通过反复放线比较，结合地形条件，初步拟定半径；地形复杂、设置线路有困难的地段，导线可在线路附近通过，利用控制性断面在图上进行局部调整，确定线路，或以导线为控制，实测地形图，进行纸上定线。

2. 水准测量

水准测量的任务是沿线路设置水准基点，并进行基平测量。导线点及导线边上加桩的抄平工作可以用水准仪测量，也可以用三角高程测量来实现。

3. 地形测量

以导线为控制，测绘全线带状地形图，以便在图上进行定线和布设工程。路线带状地形图的比例尺一般为 1：2 000，在人烟稀少的平原微丘区可为 1：5 000～1：10 000。路线带状地形图的宽度一般为 100～200 m。

四、公路线路的定测

定测的基本任务是将初测后的线路放样到实地，然后根据定测后的线路进行纵、横断面测量，从而为公路的技术施工设计提供资料。定测阶段的主要工作有放线、测角、中线测量、水准测量、横断面测量和地形测量。

1. 放线

两阶段定测的放样工作主要是根据初步设计时纸上所定线路与导线的相对几何关系，通过支距法、极坐标法或拨角放线法，将纸上选定的线路放样到实地中。在地形起伏较大、不便于中桩穿线或两交点的距离大于 500 m 的地段，应增设方向桩或转点桩。特别要注意的是，在放线过程中应每隔一定距离与原测导线进行联测，从而取得统一的坐标和方位角，减少误差的累计。当纸上定线与实地有明显出入时，应该根据实际情况进行相应的调整。一阶段定测的放样工作则要根据任务书和勘察报告所拟定线路的基本走向和方案来实地落实。对于需要实测比较的路线方案，应进行比选，提出最佳采用方案。

2. 测角

在测角的过程中采用测回法以一个测回观测右角，进一步推算偏角。当前、后半测回的角值较差在 1′ 以内时，取其平均值作为最后结果。水平角检测的允许误差或闭合差不得超过 $\pm 60'' \sqrt{n}$（n 为导线中转角数）。完成角度测量后，应该根据设计的半径计算出曲线元素，并放样出曲线的起点、中点和终点。

3. 中线测量

使用全站仪进行中线测量。中线的标桩必须钉出起点桩、终点桩、百米桩、千米桩、平曲线主点桩、转点桩以及断链桩，同时在小桥涵、大中桥隧位置，拆迁建筑物处，土质明显变化处，不良地质地段的起、终点以及线路的纵、横向坡度明显变化处设置加桩。

4. 水准测量

沿线每隔 1 km 设置水准基点在隧道、大桥两端附近也要设置水准基点，同时测定线路中桩的高程，绘制线路的纵断面图。

5. 横断面测量

在进行线路定测时，应在线路上的所有中桩位置进行横断面测量，并且按照 1∶200 的比例尺绘制横断面图。

6. 地形测量

地形测量阶段的主要工作是测绘工程构筑物处的大比例地形图，同时对初测阶段所测绘的带状地形图进行核对和修复，并将详测的线路标绘在图上。

公路的测量工作与后面铁路的测量工作内容和程序基本相同，因此在以后的线路测量工作中有的地方可以相互参考。

（二）公路施工测量

在公路定测的基础上，由设计人员进行施工设计，经批准后即可施工。施工阶段的测量工作主要是根据工程进度的要求，及时恢复道路中线和测设路面高程等。

1. 恢复中线

公路线路的施工测量首要任务是恢复中心线，这项工作主要包括恢复线路的交点、转点和中线标桩（百米标和加标）。如果在恢复后的交点上得到的转角和原设计表上所列的值相差不大，则可根据勘测设计时给定的半径和曲线元素，采用直角坐标法或偏角法来放样曲线桩。如果相差较大，则应按照地形重新设计曲线。对于改线地段，要重新定线和测绘纵、横断面图。在恢复中线的同时，要将附属构筑物（涵洞、挡土墙等）的位置标定到实地上。

2. 设置施工控制桩

中桩点在施工过程中将被填挖掉。在施工过程中，为控制中线位置，需在受施工干扰少且便于引用处设置施工控制桩，通常在中线两侧的等距离处设置两排控制桩，其间距以 10~30 m 为宜，如图 7-1 所示。

3. 路基放样

根据纵断面上各线段的设计坡度，计算出各桩号的设计高程（也称红色高程）。设计高程与地面高程之差即为施工高度，取挖深为正号，填高为负号，编制成路基设计表。

路基断面是由路宽、边坡的坡度、设计高度和排水沟底宽等参数组成的。设计的横断面与实测横断面之间所围的面积就是待施工（填或挖）的面积。

4. 计算面积与土方量

利用横断面可求得施工面积。面积计算可以采用解析法或者图解法，根据相邻的两个横断面面积和断面的间距 S，就可按式（7-1）计算这一线段的施工土方量 V，即

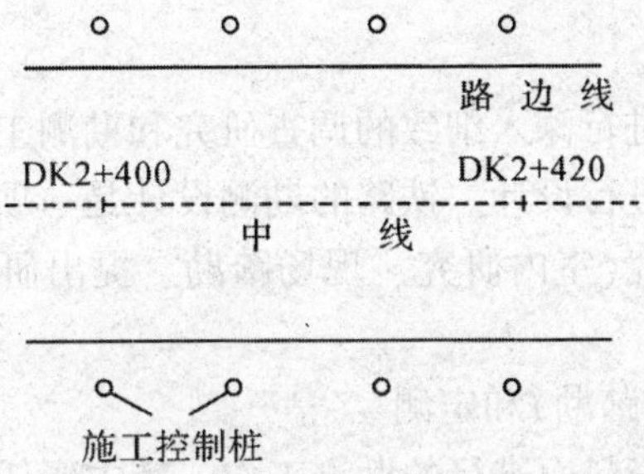

图 7-1　施工控制桩的设置

$$V = \frac{1}{3}S\left(F_1 + F_2 + \sqrt{F_1 + F_2}\right) \tag{7-1}$$

式中　F_1、F_2——横断面的截面面积。当 F_1、F_2 接近时，上式可简化为

$$V = \frac{1}{2}S(F_1 + F_2) \tag{7-2}$$

第三节　铁路线路施工测量

铁路线路是机车和列车运行的基础，它是由路基、桥隧建筑物和轨道组成的一个整体工程结构。铁路线路应当经常保持完好状态，从而使列车能够按照规定的最高速度安全、平稳、不间断地运行，最终保证铁路运输部门能够圆满完成客货运输任务。

一、铁路等级划分

铁路等级是铁路的主要技术标准之一，是铁路设计的重要依据，是区分和选用其他技术标准的先决条件。《铁路线路设计规范》（GB 50090—2006）规定，新建铁路或改建铁路（或路段）的等级应由其在铁路网中的作用、性质、旅客列车设计行车速度和客货运量来确定。铁路的等级不同，在线路平、纵断面设计中所采用的标准和装备的类型也不同，所以在设计时首先要确定铁路的等级。我国铁路共划分为 I 级、II 级、III 级、IV 级四个等级，具体分类标准见表 7-4。

表 7-4　铁路等级划分

等级	铁路在路网中的意义	远期年客货运量 m/Mt
I 级	在路网中起骨干作用的铁路	$m \geqslant 20$
II 级	在路网中起联络、辅助作用的铁路	$10 \leqslant m < 20$
III 级	为某一地区或企业服务的铁路	$5 \leqslant m < 10$
IV 级	为某一地区或企业服务的铁路	$m < 5$

注：①远期指交付运营后第十年。
　　②年货运量为重车方向，单线铁路每对旅客列车上、下行各按 1.0 Mt，双线铁路各按 2.0 Mt 年货运量折算。

二、铁路线路的勘测

在修筑铁路以前，需要进行深入细致的调查研究和勘测工作，并从若干个可供比较的方案中选择一个最优方案来进行设计。铁路的勘测设计是一项工种繁多、涉及面广的连续性工作，一般要经过方案研究(室内研究、现场踏勘、提出研究报告)、初测、初步设计、定测、施工设计等几个步骤。

铁路勘测任务分为初测(踏勘)和定测。

初测是为初步设计提供资料而进行的勘测工作，其主要任务是提供沿线大比例尺带状地形图和地质、水文资料。初步设计的主要任务是在提供的带状地形图上选定线路中心线的位置，即纸上定线，经过经济、技术比较，提出一个推荐方案。

> **小 贴 士**
>
> 定测是在初步设计批准后，将所选定的线路中线测设到地面上去，并进行线路的纵、横断面测量，为施工设计收集必要的资料。

三、铁路线路的初测

初测的工作包括选点插旗、导线测量、高程测量和地形测量。初测在一条线路的全部勘测过程中占有十分重要的地位，它决定着线路的基本方向。下面对这几项工作一一进行介绍。

1. 选点插旗

初测的首要工作是根据从多个备选方案中选择的线路，在大小比例尺地形图上定线，再结合实际情况，在野外用"红白旗"标出其走向和大概位置，并选择线路转折点的位置打桩插旗、标定点位，为导线测量以及各专业调查指出行进的方向。

> **小 贴 士**
>
> 插旗是一项十分重要的工作，一方面要考虑线路的基本走向，另一方面又要考虑导线测量、地形测量的要求。因此，插旗点应尽量选在线路位置附近。

2. 导线测量

(1)导线点的布设。

初测导线是测绘线路带状地形图和定线放线的基础。导线点的位置应满足以下几项要求：

①点位应尽量靠近大旗线路通过的位置。

②大桥和隧道两端附近、严重地质不良地段以及越岭垭口地点均应设点。

③点位应选在地势较高、地层稳固、视野开阔、便于保存的地方。

④点间距以 50~400 m 为宜。

⑤为测图应用方便，应在导线边上加设转点，转点间的距离应不大于 400 m，相邻边长比不小于 1∶4。

⑥导线点应钉设控制桩和标志桩。

（2）导线的施测。

①水平角测量及其精度。水平角观测按《工程测量规范》（GB 50026—2007）进行，使用 J2 或 J6 经纬仪，用测回法测角，两半测回之间要变动度盘位置，半测回角度较差在 ±15″（J2）或 ±30″（J6）以内时，取平均数作为观测结果。

②导线边长的量测与精度。导线边长的量测方法已在第四章中叙及，量测时，初测导线边长的精度按《工程测量规范》（表 7-5）要求进行。

表 7-5　各级平面控制网布网技术要求

等级	旅客列车设计 行车速度/(km·h⁻¹)	测量方法	测量等级	点间距	备注
CP 0	200	GPS	一	50 km 左右一个	专门设计
	≤160	GPS			
CP Ⅰ	200	GPS	三等	≤4 km	点间距≥800 m
	≤160	导线	四等		
CP Ⅱ	200	GPS	四等	400~600 m	附（闭）合导线长度不超过 5 km
			四等		
	≤160	导线	五等		
			一级		
CP Ⅲ	200	导线	一级	150~200 m	
	≤160	导线	二级	150~200 m	

③导线的联测。

为了确定初测导线的方位，检验导线水平角及边长的量测精度，按《工程测量规范》规定，导线的起、终点及每隔 30 km 应与国家大地点（三角点、导线点、Ⅰ级军控点）或其他不低于四等的大地点、GPS 点进行联测。

（3）导线的两化改正。

初测导线与国家控制点联测进行坐标检核时，应首先将导线测量成果化算到大地水准面上，然后再归化到高斯投影面上，才能与国家控制点坐标进行比较检核，这项工作称为导线的两化改正。

将坐标增量的总和化算到大地水准面上，计算公式为

$$\begin{cases} \sum \Delta x_0 = \sum \Delta x - \dfrac{H_m}{R} \sum \Delta x = \sum \Delta x \left(1 - \dfrac{H_m}{R}\right) \\ \sum \Delta y_0 = \sum \Delta y - \dfrac{H_m}{R} \sum \Delta y = \sum \Delta y \left(1 - \dfrac{H_m}{R}\right) \end{cases} \tag{7-3}$$

式中　$\sum \Delta x_0$、$\sum \Delta y_0$——化算为大地水准面上的纵、横坐标增量的总和，m；

$\sum \Delta x$、$\sum \Delta y$——根据边长和平差后的角度计算的纵、横坐标增量的总和，m；

$\quad\quad H_m$——导线的平均高程，km；

$\quad\quad R$——地球的平均曲率半径，km。

将大地水准面上的坐标增量总和化算至高斯投影面上，计算公式为

$$\sum \Delta x_s = \sum \Delta x_0 + \frac{y_m^z}{2R^2} \sum \Delta x_0$$

$$\sum \Delta y_s = \sum \Delta y_0 + \frac{y_m^2}{2R^2} \sum \Delta y_0$$

$$(7\text{-}4)$$

式中　$\sum \Delta x_s$、$\sum \Delta y_s$——高斯投影面上纵、横坐标增量的总和，m；

$\quad\quad y_m$——导线两端点横坐标的平均值，km。

（4）坐标换带计算。

初测导线与国家控制点联测时，有时导线点与联测的国家控制点会处于两个投影带中，因而必须先将两带的坐标换算为同一带的坐标才能进行检核，这项工作称为坐标换带。它包括6°带与6°带的坐标互换、6°带与3°带的坐标互换等。

3. 高程测量

初测阶段进行高程测量的目的有两个：一是沿线路设置水准基点，建立线路高程控制系统；二是测量中桩（导线桩、加桩）高程，为地形测绘建立较低一级的高程控制系统。

水准点高程测量应与国家水准点或相当于国家等级水准点联测，联测一次路线长度应不大于 30 km，形成附合水准路线，以检验测量成果并进行闭合差调整。

水准点应沿线路布设，要做到既方便实用又利于保存。《工程测量规范》要求，一般地段每隔约 2 km 应设置一个水准点，工程复杂地段每隔约 1 km 就应设置一个水准点。水准点最好设在距线路 100 m 范围内。如果有条件，水准点宜设在不易风化的基岩、坚固稳定的建筑物上，亦可埋设混凝土水准点。水准点设置后，以"BM"字头顺序编号。

（1）水准基点高程测量。

①水准测量。水准点水准测量精度按五等水准测量要求，其限差见表7-6。表中，R 为测段长度，L 为附合路线长度，F 为环线长度，单位为km。

表 7-6　等水准测量精度

每千米高差中数的中误差/mm	限差/mm			
	检验已测段高差之差	往返测不符值	附合线路闭合差	环闭合差
≤7.5	$\pm 30\sqrt{R}$	$\pm 30\sqrt{R}$	$\pm 30\sqrt{L}$	$\pm 30\sqrt{F}$

测量所使用的水准仪精度指标不应低于 S3 级；所用的水准尺宜使用整体式板尺，其分划线应经过检定，每米平均分划线真长与名义长度之差不得超过 0.5 mm。

水准测量通常可采用一组往返或两台水准仪并测的方法，读数估读至毫米。高差较差不符值在允许范围内时，取其平均值。

为了保证水准点测量精度，应注意以下几点：

a. 测量应在成像清晰、稳定的条件下进行。

b. 前、后尺距离应尽量相等，如一个测站因条件限制造成前后视距离相差较大，则应在以后的测站中予以补偿。

c. 一般情况下，视线长度不应大于 150 m，但在跨越河流、深谷等不利条件时，视线长度可增长至 200 m。

②光电测距三角高程测量。用光电测距三角高程测量方法测量水准点，宜与平面导线测量合并进行，即导线边长测量、水准点高程测量和中桩高程测量一次完成。

初测导线的导线点应作为高程转点，高程转点间或转点与水准点间的距离和竖直角必须往返观测，最后采用往返观测的平均值。

> **小 贴 士**
>
> 在测量时应尽可能缩短往返测量时间间隔，力求使往返观测在同一气象条件（温度、湿度及大气压力等）下完成，使值的变化达到最小。

水准点光电测距三角高程应满足表 7-7 中的要求。水准点的设置要求、闭合限差及检测极限应符合水准测量要求。

表 7-7　水准点光电测距三角高程测量技术要求

距离测回数	竖直角				边长范围/m
	测回数	最大角值/(°)	测回间较差/(″)	指标差互差/(″)	
往返各一测回	往返各两测回	20	10	10	200~500

当竖直角大于 20°或边长小于 200 m 时，应增加测回数以提高观测精度。

（2）中桩高程测量。

①水准测量。中桩水准测量在水准点水准测量完成后进行。所用水准仪应不低于 S10 级。从已经设置的水准基点开始，沿导线进行中桩水准测量，最后附合于相邻的另一个水准点上，形成附合水准路线，限差要求见表 7-8。中桩水准测量应以导线点作为高程控制点，高程取位至毫米，中桩高程取位至厘米。

表 7-8　中桩高程测量限差　　　　　　　　　　　　　　　　　　　　　mm

项目	附合路线闭合差	检测
水准测量	$\pm 50\sqrt{L}$	± 100
光电测距三角高程测量	$\pm 50\sqrt{L}$	± 100

项目		附合路线闭合差	检测
三角高程测量	困难地段	±300	±150
	隧道顶	±800	±400

注：表中 L 为附合路线长度，单位为 km。

②光电测距三角高程测量。前面已经讲过，光电测距三角高程测量是与导线边长测量、水准点高程测量同时完成的。但为了满足往返观测"宜在同一气象条件下完成"的要求，要尽可能地缩短往返观测的间隔时间；由于中桩高程精度要求较低，用光电测距三角高程测量时，只需单向测量即可。考虑到上述两种情况，中桩高程测量宜在水准点高程测量的返测后进行。中桩光电测距三角高程测量应满足表 7-9 中的要求。

表 7-9　中桩光电测距三角高程测量限差

类别	距离测回数	竖直角			半测回或两次高差较差/mm
		最大竖直角/(°)	测回数	半测回间较差/(″)	
高程转点	往返各一测回	30	中丝法往返各一测回	12	—
中桩	单向一测回	40	单向两次	—	100
			单向一测回	30	

距离和竖直角可单向正镜观测两次(两次之间应改变反射镜高度)，也可单向观测一测回。两次或半测回之差在限差以内时取平均值。

若单独进行中桩光电测距三角高程测量时，其高程路线应起闭于水准点。把导线点作为高程转点，高程转点间的竖直角，可用中丝法往返观测一测回，中桩高程测量应满足表7-8 和表 7-9 中的要求。

4. 地形测量

在导线测量、高程测量完成的基础上，按勘测设计的要求，需沿初测导线测绘比例尺为 1∶5 000~1∶10 000 的带状地形图。

地形测量是以导线作为平面控制的，是已知高程的导线点及水准点作为高程控制进行的。

四、铁路线路的定测

定测阶段的主要测量工作是中线测量、线路纵断面测量、线路横断面测量。

1. 中线测量

中线测量是新线定测阶段的主要工作，主要是沿确定的线路中线测量距离，并设置中桩(里程桩和加桩)。

中线测量工作分放线和中桩测设两步进行。放线是把纸上定线所确定的交点间的直线测设于地面上。中桩测设是测设直线、曲线，并按规定钉设中桩。

(1)路线交点和转点的测设。

在进行线路中线测量时，线路的相邻方向的延伸线交点称为中线的交点。若由于地形或地物限制，交点间不能互相通视，或者两交点距离过长，需要在两交点间或延长线上加设若干点，称为转点(ZD)。转点和交点都是测设线路中线的控制点。

①交点测设。交点测设有以下几种方法：

a. 根据导线点测设。根据导线点测设就是根据线路设计阶段定线的导线点坐标和道路交点的设计坐标计算放样数据，测设出交点的位置(极坐标法、角度交会法、距离交会法等)。

b. 放点穿线法测设。此方法是以初测时图上定线线路的导线点为依据，测设出线路的直线段中线，再将相邻支线延长，确定交点桩位。具体方法如下：(a)放点。如图 7-2 所示，P_1、P_2、P_3 为设计中点附近已知的导线点，在图上以附近点 1、2、3 为纸上定线某直线段的放样临时点，则其放样数据 d_1、d_2、d_3 可由图解法(自导线点作垂线与线路中线相交得到各临时点，在图上量取相应的支距 d_1、d_2、d_3)得到。(b)实地放点和穿线。在导线上根据量得的支距 d_1、d_2、d_3 放样出临时点 1、2、3，由于三点不一定在一条直线上，因此选出一条尽可能接近定线点的直线，在该直线上打两个转点桩，然后取消各临时点，即定出了直线段的位置。(c)定交点。如图 7-3 所示，在实地定出直线 MN 和 O_1O_2 后可将 MN 与 O_1O_2 延长相交定出交点(JD)。

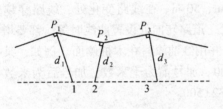

图 7-2 路线点的测设

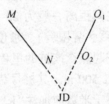

图 7-3 定交点示意图

②转点测设。转点测设具体方法如图 7-4 所示，JD_5、JD_6 为相邻的不通视两交点，ZD' 为初定转点。为检核 ZD' 是否在两交点连线上，在 ZD' 安置全站仪，用正倒镜分中法延长直线 JD_5–ZD' 至 JD_6'，若 JD_6' 与 JD_6 重合或二者偏差 f 在允许范围内，则转点位置为 ZD'，可将 JD_6 移至 JD_6' 并在桩顶上钉钉表示 JD_6 位置。

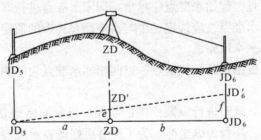

图 7-4 放样路线相邻的不通视两交点间的转点

若 f 超过允许范围或者 JD_6 无法移动时，则只能调整 ZD'。设 e 为 ZD' 应横向移动的距离，a、b 分别为 JD_5–ZD'、ZD'–JD_6 的距离，该距离用视距法测出，即

$$e=\frac{a}{a+b}f \tag{7-5}$$

将 ZD' 沿偏差 f 的相反方向横移至 ZD。将仪器安置在 ZD，延长直线 JD_5–ZD，观察是

否通过 JD$_6$ 或偏差值 f 是否小于允许值；否则重设转点，直到符合要求。

（2）转角的测定。

线路从一方向转到另一个方向后与原方向的夹角称为转角，用 α 表示。如图 7-5 所示，转角是计算曲线要素的依据。由于中线在交点处转向的不同，转角有左转角和右转角之分。在路线测量中，一般先测转折点上的水平夹角 β，然后计算出转角 α。具体观测方法是：全站仪安置在交点上，与用全站仪观测导线转折角一样的测回法测 β 一个测回，然后计算转角。

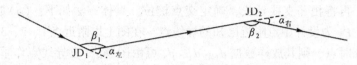

图 7-5　转角的测定

一般测量前进方向的左角 β。当 $\beta<180°$，为左转角；当 $\beta>180°$，为右转角。

（3）里程桩的测设。

路线的里程是线路中线点沿中线方向距线路起点的水平距离，里程桩是埋设在线路中线上标有水平距离的桩。里程桩又称为中桩，有整桩和加桩之分。每隔一整数设置的桩称为整桩，整桩之间距离一般为 20 m、30 m、50 m。在线路变化处、线路穿越重要地物处（交通路线、管线、界限等）、坡度变化处、道路转向处设置曲线时等，都要增设加桩。

里程桩均按起点至该桩的里程编号，并用红油漆写在木桩侧面。例如，某桩距线路起点水平距离为 32 500 m，其桩号为 32+500。加号前为千米数，加号后为米数。铁路勘测设计中，通常在千米数前加注"K"，如 K32+500。

2. 线路纵断面测量

线路纵断面测量又称线路水准测量，其目的是测定线路上各中线桩地面点高程。根据中线桩高程的测量成果绘制的中线纵断面图是设计线路坡度和土方量计算的主要依据。

线路水准测量包括基平测量和中平测量两部分。基平测量的工作是沿线路方向布设水准点，作为高程控制点。一般隔 25~30 km 布设一个永久性的水准点，隔 300~500 m 布设一个临时性水准点。而且，起始水准点应尽量与国家水准点进行联测，并构成附合水准路线。如果不能引测国家水准点，应选定一个与实地高程接近的假定高程起算点，也可以利用初测水准路线作为基平水准路线。

中平测量的工作是根据各高程控制点，以两相邻水准点为一测段，分段进行中桩水平测量。

进行水准测量之后，就要进行纵断面图的绘制，纵断面图通常绘制在毫米方格网上，以线路的里程为横坐标、高程为纵坐标。为了能够更好地表示地面的高低起伏情况，高程比例尺一般为水平比例尺的 10 倍或 20 倍，具体比例见表 7-10。

表 7-10 纵断面图的绘制比例

带状地形图	铁路		公路	
	水平	垂直	水平	垂直
1:1 000	1:1 000	1:100	—	—
1:2 000	1:1 000	1:100	1:2 000	1:200
1:5 000	1:10 000	1:1 000	1:5 000	1:500

纵断面图的绘制方法如下：

（1）按照选定的里程比例尺和高程比例尺绘制表格，填写里程、地面高程、直线与曲线、土壤地质说明等资料。

（2）绘地面线。首先选定纵坐标的起始高程，使绘出的地面线位于图上适当位置。一般以 10 m 整倍数的高程定在 5 cm 方格的粗线上，便于绘图和阅图。然后根据中桩的里程和高程，在图上按纵、横比例尺依次点出各中柱的地面位置，再用直线将相邻点一个个连接起来，就得到了地面线。在高差变化较大的地区，如果纵向受到图幅限制，可在适当地段变更图上高程起算位置，出现台阶形式。

（3）计算设计高程。当线路纵坡确定后，即可根据设计坡度和两点间的水平距离，由一点的高程计算另一点的设计高程。

令设计坡度为 i，起始点高程为 $H_{始}$，设计点高程为 $H_{设}$，设计点至起始点的平距为 D，则

$$H_{设} = H_{始} + i_{设} D \qquad (7-6)$$

式中，上坡时 i 为正，下坡时 i 为负。

（4）计算各桩的填挖高度。同一柱号的设计高程与地面高程之差即为该桩号的填土高度（正号）或挖土深度（负号）。通常在图上填写专栏，并分栏注明填挖尺寸。

（5）在图上注记相关资料，如水准点、竖曲线、桥涵等。

3. 线路横断面测量

横断面是垂直于线路中线方向的断面，对横断面的高低起伏所进行的测量工作称为横断面测量。线路上所有的里程桩一般都要进行横断面测量，利用横断面测量成果绘制的横断面图是计算土石方量的主要依据。

横断面的方向通常采用方向架法确定。如图 7-6 所示，将方向架置于所测断面的中桩上，方向架上有两个相互垂直的固定片，用其中一个瞄准线路上的另一个中桩，则方向架的另一个方向就是该点的横断面方向。

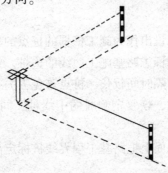

图 7-6 方向架法确定横断面的方向

横断面的测量方法主要有标杆皮尺法、水准仪法和经纬仪视距法。

（1）标杆皮尺法。

此法适用于起伏多变和高差不大地段的测量，其优点是简单、快捷，缺点是精度较低。如图7-7所示，测量时将一根标杆立于中桩上，另一根标杆立于横断面方向的某特征点上。拉平皮尺量出中桩至该点的距离，测出皮尺截于标杆位置的高度，得到两点的高差，上坡为正，下坡为负。依此，直到所需要的宽度为止。中桩一侧测完后再测另一侧。

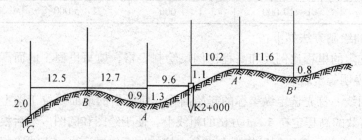

图7-7　标杆皮尺法测量横断面

（2）水准仪法。

水准仪法精度较高，但受到地形条件限制。水准仪法在桩号点上和断面点上竖立花杆，一人将皮尺的零端放在中线桩上，另一人拉紧皮尺并使尺子水平绷紧断面点的花杆，读出水平距离和高差。

（3）经纬仪法。

在地形复杂、山坡较陡的地段可以采用经纬仪施测。将经纬仪架设在中桩上，测量横断面上特征点与中桩的水平距离和竖直角，进而计算该点的高程。

> **小贴士**
>
> 横断面图的绘制一般采用现场边测边绘的方法，这样既可以及时对横断面进行核对，又能省略记录工作。如果遇到特殊情况，要做好记录工作，室内绘图后再到现场核对。绘图时，以中线地面高程为准，以水平距离为横坐标，以高程为纵坐标，将地面坡度变化点绘在毫米方格纸上，依次连接各点，即可得到横断面的地面线。

五、铁路线路施工测量

线路施工的主要任务是测设出作为施工依据的桩点的平面位置和高程。这些桩点是指标志线路中心位置的中线桩和标志路基施工边线的边桩。线路中线桩在定测时已经在地面标定，但是由于施工和定测间隔时间较长，桩点难免丢失或者被移动，因此在线路施工开始之前必须进行一次中线复测，恢复定测时的中线桩；同时还应检查定测资料的可靠性，这项工作称为线路复测。

修筑路基之前，需要在地面上把路基工程界线桩标定出来，这些桩称为边桩，测设边桩的工作称为路基边坡放样。

1. 线路复测

复测是指复核测量工作,其内容和方法跟定测时基本相同,其目的主要是检查个别点有无大的变位。

(1)导线复测。

导线复测的任务是进行距离复测、角度复测、成果反算和对比。导线复测并不是再进行一次导线测量,并以新成果取代原测成果。

复测是检查点位的变化,只需将个别点位变化大的或错误的进行剔除即可。如果复测与定测成果的误差在容许的范围之内,应以原定测成果为准;如果超限,则应先提高检测等级,扩大检测范围;只有仍然超限时,才考虑用新测成果,并履行申报程序。

(2)水准路线复测。

水准路线是线路施工的高程基础,在施工前必须对水准路线进行复测,如果有水准点被破坏应进行恢复。为了施工引测高程方便,应适度加密临时水准点,而且,加密的水准点应尽量设在桥涵和其他构筑物附近,易于保存、方便使用的地方。

2. 施工控制桩的测设

在施工的开挖过程中,由于中桩的标志经常受到破坏,为了在施工中控制中线的位置,就要选择在施工中既易于保存又便于引用桩位的地方测设施工控制桩。测设施工控制桩的方法主要有以下几种。

(1)平行线法。

如图 7-8 所示,在路基以外测设两排平行于中线的施工控制桩。此法多用于直线段较长、地势较平坦的路段。为了施工方便,控制桩的间距一般为 10~20 m。

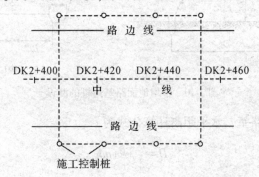

图 7-8 平行线法设置施工控制桩

(2)延长线法。

延长线法是在道路转折处的中线延长线上以及曲线中点至交点的延长线上打下施工控制桩,如图 7-9 所示。延长线法适用于直线段较短、地势起伏较大的山区道路,主要是为了控制交点(JD)的位置,需要量出控制桩到交点的距离。

3. 路基边桩的测设

测设路基边桩就是把路基两侧的边坡与原地面坡脚点确定出来。边坡的位置由两侧边坡至中桩的平距来确定。常用的边桩测设方法有以下几种。

(1)图解法。

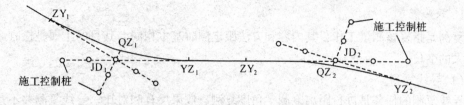

图 7-9　延长线法设置施工控制桩

直接在路基设计的横断面上，按比例量取中桩至边桩的距离，然后到实地上用皮尺量得其位置。此法适用于填挖不大的情况。

（2）解析法。

解析法是根据路基填挖高度、路基宽度、边坡率和横断面地形情况，先计算出路基中桩至边桩的水平距离，然后在实地沿横断面方向按距离将边坡放样出来。距离的计算方法在平坦地段和倾斜地段各不相同。

①平坦地面。图 7-10(a)所示为填土路堤，水平距离计算公式为

$$D = \frac{B}{2} + mh \qquad (7-7)$$

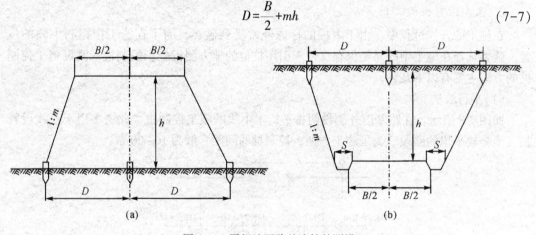

图 7-10　平坦地面路基边桩的测设

图 7-10(b)所示为挖土路堑，水平距离计算公式为

$$D = \frac{B}{2} + S + mh \qquad (7-8)$$

式中　D——路基中桩至边桩的距离；

　　　B——路基宽度；

　　　m——边坡坡度；

　　　h——填土高度或挖土深度；

　　　S——路堑边沟顶宽。

式(7-7)和式(7-8)是断面位于直线段时求算 D 值的方法。如果断面位于弯道上有加宽时，按上述方法求出 D 值后，还应在加宽一侧的 D 值中加入加宽值。

沿横断面方向，根据计算的坡脚（或坡顶）至中桩的距离 D，在实地从中桩向左、右两侧测设出路基边坡，并用木桩标定。

②倾斜地面。

在倾斜地段，边坡至中桩的平距随着地面坡度的变化而变化。如图 7-11(a)所示，路基边脚桩至中桩的距离 $D_{上}$、$D_{下}$ 分别为

$$D_{上} = \frac{B}{2} + m(h_{中} - h_{上})$$

$$D_{下} = \frac{B}{2} + m(h_{中} + h_{下})$$

$$(7-9)$$

如图 7-11(b)所示，路堑坡顶桩至中桩的距离 $D_{上}$、$D_{下}$ 分别为

$$D_{下} = \frac{B}{2} + S + m(h_{中} + h_{上})$$

$$D_{下} = \frac{B}{2} + S + m(h_{中} - h_{下})$$

$$(7-10)$$

式中，B、m、$h_{中}$、S 都是已知的，由于边坡未定，$h_{上}$、$h_{下}$ 未知。在实际工作中先定出断面方向后采用逐点趋近法测设边桩。

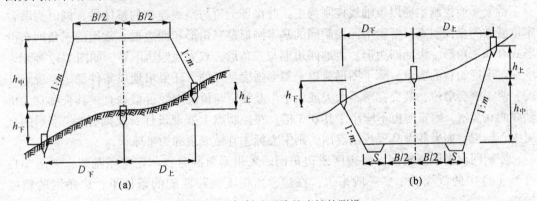

图 7-11　倾斜地面路基边桩的测设

逐点趋近测设边坡位置的一般步骤是：首先，根据地面实际情况，参照路基横断面估计边坡位置；然后，测出估计位置与中桩地面的高差，按其高差可以算出与其对应的边坡位置。如果计算值与估计值相符，即为边坡位置；否则，再按实际资料进行估计，重复上述工作，逐点趋近，直至计算值与估计值相符或十分接近为止。

第四节　桥梁施工测量

桥梁是道路工程的重要组成部分之一，工程建设中，在投资比重、施工期限、技术要求等各个方面，桥梁都处于重要位置。特别是一般特大桥、复杂特大桥等技术较为复杂的桥梁建设，一条路线能否按期、高质量地建成并通车具有重大影响。

一座桥梁在勘测设计、建筑施工和运营管理等过程中都会进行大量的测量工作，其中包括勘测选址、地形测量、施工测量、竣工测量等。在施工过程中以及通车后，还要进行变形观测。本节主要介绍施工阶段的测量工作。桥梁施工测量的内容和方法由桥梁形式、大小、施工方法以及地形等条件决定。总体来说，桥梁施工测量的工作主要包括桥轴线长度测量、桥梁控制测量、墩台定位及轴线测设、墩台细部放样以及梁部放样等。

桥梁按照其轴线长度一般分为特大(>500 m)、大(100~500 m)、中(30~100 m)、小(8~30 m)四类，其施工测量方法及其精度要求由桥轴线长度、河道和桥涵结构的情况决定。桥梁施工的主要内容包括桥位施工控制测量、墩台基础及其顶部测设等。

> **小贴士**
>
> 在选定的桥梁中线上，于桥头两端埋设两个控制点，两个控制点之间的连线称为桥轴线。墩台定位主要是以这两点为依据，所以桥轴线长度的精度直接影响墩台的定位精度。

一、桥梁施工控制网

1. 桥梁平面控制测量

桥梁平面控制主要以桥轴线控制为主，并保证全桥与路线连接的整体性，同时为墩台定位提供测量控制点。桥梁平面控制网的基本网形是三角形和四边形。常用的三角网布设形式有双三角形、大地四边形、大地四边形与三角形、双大地四边形等，如图7-12所示。

对于控制点的要求，除了图形简单、图形强度良好外，还要求地质条件稳定、视野开阔、便于交会墩位，其交会角不太大或太小。基线应与桥梁中线近似垂直，其长度宜为桥轴线的0.7倍，困难时也不应小于其0.5倍。在控制点上要埋设标石及刻有"+"字形的金属中心标志。如果兼做高程控制点用，则中心标志宜做成顶部为半球状。

控制网可采用测角网、测边网或边角网。采用测角网时宜测定两条基线，如图7-12(b)、(c)中的双线所示。一般来说，在边、角精度互相匹配的条件下，边角网的精度较高。

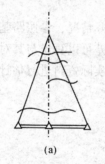　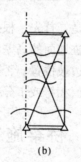　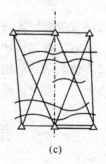

(a)　　　　　　　　(b)　　　　　　　　(c)

图7-12　桥梁平面控制网

桥梁控制网分为五个等级，它们分别对测边和测角的精度有所规定，见表7-11。

表 7-11 测边和测角的精度规定

三角网等级	桥轴线相对中误差	测角中误差/(″)	最弱边相对中误差	基线相对中误差
一	1/175 000	± 0.7	1/150 000	1/400 000
二	1/125 000	±1.0	1/100 000	1/300 000
二	1/75 000	±1.8	1/60 000	1/200 000
四	1/50 000	± 2.5	1/40 000	1/100 000
五	1/30 000	±4.0	1/25 000	1/75 000

上述规定是对测角网而言的，由于桥轴线长度及各个边长都是根据基线及角度推算的，为保证轴线有可靠的精度，基线精度要高于桥轴线精度 2~3 倍。如果采用测边网或边角网，由于边长是直接测定的，所以不受或少受测角误差的影响，测边的精度与桥轴线要求的精度相当即可。

由于桥梁三角网一般都是独立的，没有坐标及方向的约束条件，所以平差时都按自由网处理。它所采用的坐标系，一般是以桥轴线作为 x 轴，以桥轴线始端控制点的里程作为该点的 x 值。这样，桥梁墩台的设计里程即为该点的 x 坐标值，便于以后施工放样数据计算。

小 贴 士

在施工时如因机具、材料等遮挡视线，无法利用主网的点进行施工放样时，可以根据主网两个以上的点将控制点加密，这些加密点称为插点。插点的观测方法与主网相同，但在平差计算时，主网上点的坐标不得变更。

2. 桥梁高程控制测量

桥梁的高程控制一般在施测路线水准点的时候建立。为了便于施工放样，还需在墩台下面或河滩上设置若干施工水准点，供各施工阶段将高程引测到所需的部分，对施工水准点要加强检查复核。

桥梁水准点与线路水准点应采用同一高程系统。与线路水准点联测的精度不需要很高，当包括引桥在内的桥长小于 500 m 时，可用四等水准联测，大于 500 m 时可用三等水准进行联测。但桥梁本身的施工水准网则宜用较高精度，因为它是直接影响桥梁各部放样精度的。

在桥梁的施工阶段，为了作为放样的高程依据，应在河流两岸建立若干个水准基点，水准基点布设的数量视河宽及桥的大小而异。一般小桥可只布设一个；在 200 m 以内的大、中桥，宜在两岸各设一个；当桥长超过 200 m 时，由于两岸联测不便，为了在高程变化时易于检查，每岸至少设置两个。

当跨河距离大于 200 m 时，宜采用过河水准法联测两岸的水准点。跨河点间的距离小于 800 m 时，可采用三等水准，大于 800 m 时则采用二等水准进行测量。

过河水准测量应尽量选在桥位附近的河宽较窄处，最好选用两台同精度的水准仪同时进行对向观测。两岸测站点和立尺点可布设成如图 7-13 所示的对称图形。图中 C、D 为测站点，A，B 为立尺点，要求 AC 与 BD 及 AD 与 BC 尽量相等，并使 AC 与 BD 均不小于 10 m。当用两台水准仪同时观测时，C 站上先测量本岸近尺读数 a_1，然后测对岸远尺读数 2~4 次，取平均数得 b_1，其高差为 $h_1 = a_1 - b_1$。此时，在 D 站上按照同样的方法测得高差 h_2，最后取 h_1 和 h_2 的平均值。

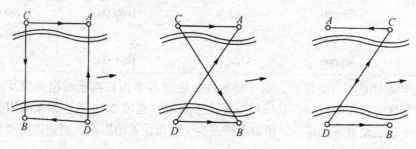

图 7-13　桥梁高程控制测量

3. 桥梁墩台中心测设

所谓墩台中心测设就是准确测出桥梁墩台的中线位置和它的纵横轴线。其测设数据由控制点坐标和墩台中心的设计位置计算来确定。测设方法则视河宽、水深及墩位的情况而定，如水中桥墩的基础定位时，由于水中桥墩基础的目标处于不稳定状态，无法使水中测量设备稳定，一般采用角度交会法；如果墩位在干枯或者浅水河床上，可采用直接定位法；而在已经稳固的墩台上进行基础定位时，可以采用光电测距法、方向交会法、距离交会法、极坐标法等。

（1）角度交会法。

当桥墩在水中无法直接测量距离或者安置反光镜时，采用此法。如图 7-14 所示，C、A、D 为控制网的三角点，且 A 为桥轴线的端点，E 为墩中心设计位置。C、A、D 三控制点的坐标已知，若墩心 E 的坐标与之不在同一坐标系，可将其换算至统一的坐标系中。利用坐标反算公式即可推导出交会角 α、β。如利用计算器的坐标换算功能，则 α 的计算过程更简捷。以 CASIO fx-4500P 为例，有

$$\text{pol}((x_E - x_C),\ (y_E - y_C)),\qquad \alpha_{CE} = W$$
$$\text{pol}((x_A - x_C),\ (y_A - y_C)),\qquad \alpha_{CA} = W$$

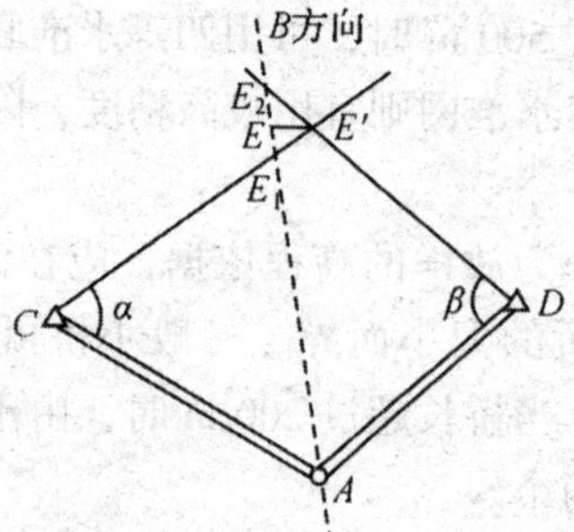

图 7-14　角度交会法

则交会角 $\alpha = \alpha_{CA} - \alpha_{CE}$。其中，pol 为直角坐标、极坐标的换算功能键；$W$ 为极角的存

储区，$W<0$ 时，加 $360°$ 赋予方位角。同理，可求出交会角 β。当然，此处也可以根据正弦定理或者其他方法求算。

在 C、D 点上安置经纬仪，分别自 CA、DA 测设出交会角，则两方向的交点即为墩心 E 的位置。为了检核精度以及避免错误，通常还利用桥轴线 AB 方向，用三个方向交汇出 E 点。交汇处示误三角形的最大边长在建筑墩台下部时应不大于 25 mm，在上部时应不大于15 mm。如果在限差范围内，则将交会点 E' 投影移至桥轴轴线上，作为墩中心 E 的点位。

随着工程的进行，需要经常进行交会定位。为了工作方便，提高效率，通常都是在交会方向的延长线上设置标志，以后交会时可以不再测设角度，直接瞄准该标志即可。

（2）直接测距法。

在墩台中心处可以安置仪器时，宜采用这种方法。由于墩中心距 L 及桥梁偏角 α 是已知的，可以从控制点开始逐个测设出角度及距离，即直接定出各墩台中心的位置，最后再附合到另外一个控制点上，以检核测设精度。这种方法称为导线法。

利用光电测距仪测设时，为了避免误差的积累，可采用长弦偏角法（也称极坐标法）。因为控制点及各墩台中心点在切线坐标系内的坐标是可以求得的，故可据此算出控制点至墩台中心的距离及其与切线方向间的夹角 δ_i。安置仪器于控制点，自切线方向开始拨出再在此方向上测设出 D_i，如图 7-15 所示，即得墩台中心的位置。该方法的特点是独立测设，各点不受前一点测设误差的影响；但在某一点上发生错误或有粗差也难以发现。所以一定要对各个墩台中心距进行检核测量，可检核相邻墩台中心间距，若误差在 2 cm 以内，则认为成果是可靠的。

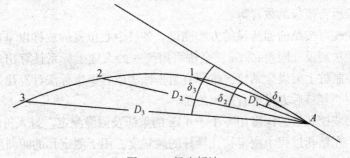

图 7-15　极坐标法

4. 施工控制网应具备的特点

（1）控制网点位的设置应考虑施工放样的方便。桥梁施工控制网在其轴线的两端点一定要有控制点。

（2）控制网的精度要保证某一重要方向或者几个重要点位相对位置的高精度。桥梁施工时，桥梁轴线长度和桥墩定位的准确性，要求沿着桥轴线方向（纵向）的精度要高。

（3）为了使由控制点坐标反算的距离与实地距离之差尽量减小，桥梁控制网应投影到桥墩顶平面上。

（4）施工控制网常采用独立坐标系，其坐标轴应平行或者垂直于建筑物的主轴线，桥梁施工测量应以桥中线为坐标轴线。

二、桥梁施工测量

桥梁施工测量就是将图纸上的结构物尺寸和高程测设到实地上。其内容包括基础施工测量、墩台身施工测量和上部结构安置测量。

1. 基础施工测量

（1）明挖基础。

根据墩台的中心线定出基坑开挖边界线。基坑上口尺寸应根据挖深、坡度、土质情况以及施工方法而定。

施测方法与路堑放线基本相同。当基坑开挖到一定深度后，应根据水准点高程在坑壁上测设距基底为一定高差的水平桩，作为控制挖深及基础施工过程中掌握高程的依据。当基坑开挖到设计标高以后，应进行基底平整或基底处理，再在基底上放出墩台中心及其纵横轴线，作为安装模板、浇筑混凝土基础的依据。

小 贴 士

基础完工后，应根据桥位控制桩和墩台控制桩用经纬仪在基础面上测设出墩台中心线，并弹出墨迹作为砌筑墩台的依据。

（2）桩基础。

桩基础测量工作主要包括测设桩基础的纵横轴线、测设各桩的中心位置、测设桩的倾斜度和深度以及承台模板的放样等。

桩基础纵横线可按照前面所说的方法测设。各桩中心位置的放样以基础的纵横轴线为坐标轴，用支距法测设，限差±2 cm。全桥采用统一的大地坐标系计算出每个中心的大地坐标，在桥位控制桩上架设全站仪，按照直角坐标法或者极坐标法计算出每个桩的中心位置。放出的桩位经复核后方可进行基础施工。

每个钻孔桩或挖孔桩的深度用不小于 4 kg 的重锤及测绳测定。打入桩的打入深度根据桩的长度推算。在钻孔过程中测定钻孔导杆的倾斜度，用于测定孔的倾斜度。

桩顶上做承台按控制的标高进行，在桩顶面上弹出轴线，作为支撑承台模板的依据，安装模板时，模板中心应与轴线重合。

2. 墩台身施工测量

为了保证墩台身的垂直度和轴线方位的正确传递，利用基础面上的纵横轴线用吊线法或者经纬仪法投测到墩台上。

（1）吊线法。

用一重锤球悬吊在砌筑到一定高度的墩台身顶边缘各侧。当锤球尖对准基础面上的轴线时，锤球线在墩台身边缘的位置即为轴线位置，画短线做标记，检查尺寸合格后方可施工。

有风力干扰或者砌筑高度较大时，使用吊线法满足不了投测精度要求，应用经纬仪或全站仪进行投测。

（2）经纬仪投测法（全站仪投测类似）。

将经纬仪架设在纵横轴线控制桩上，仪器距墩台身顶边缘各侧应大于墩台的高度。仪器严格整平后，瞄准基础面上的轴线，用正倒镜分中法将轴线投测到墩台身并做标记。对于斜坡墩台可用规板控制位置。

3. 墩台顶部施工测量

墩台砌筑至一定高度时，应根据水准点在墩台身每侧设一条距顶部一定距离（1 m）的水平线控制砌筑高度。墩帽、台帽施工时，应根据已知水准点控制其高程（误差应在±10 mm 以内），然后依照中线桩用经纬仪控制两个方向的中线位置（偏差距± 10 mm 内）。墩台间距用钢尺测得，精度高于1/5 000。

根据定出并检核得到的墩台中心线，在墩台上定出"T"形梁制作钢垫板的位置，如图7-16 所示。测设时，先根据桥墩中心线$②_1$–$②_1$ 定出两排钢垫板中心线，再根据中心线F_1F_3 和定出中心线上的两块钢垫板的中心位置B_1 和C_1；然后根据设计图纸的对应尺寸用钢尺分别自B_1 和C_1 沿$C'C''$方向量出"T"形梁间距，即可得到B_2、B_3、B_4、B_5 和C_2、C_3、C_4、C_5 等垫板中心位置；最后用钢尺校对钢垫板的间距，其距偏差应在±2 mm 以内。

钢垫板高程用水准仪检核，其偏差应在±5 mm 以内。钢垫板若略低于设计高程，安装"T"形梁时可加垫薄钢板找平。上述工作校测完毕后，即可浇筑墩台顶面的混凝土。

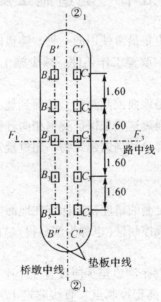

图 7-16　墩台顶部施工测量

4. 上部结构安装测量

上部结构安装即架梁，这是桥梁施工的最后一道工序。桥梁梁部结构较为复杂，要求对墩台方向、距离和高程用较高的精度测定，作为架梁的依据。

墩台施工是以各个墩台为单位进行的。架梁需将相邻墩台联系起来，要求中心点间的方向距离和高差符合设计的要求。因此，在上部结构安装前应对墩台上支座钢垫板的位置，梁的全长和支座间距进行检测。

梁体就位时，其支座中心线应对准钢垫板中心线。初步就位后，用水准仪检查梁两端

工程测量学

的高程，偏差应在±5 mm 以内。

大跨度钢桁架或连续梁采用悬臂安装架设。拼装前应在横梁顶部和底部中点做出标志，用来测量架梁时钢梁中心线与桥梁中心线的偏差值。如果梁的拼装从两端悬臂、跨中合拢，则应重点测量两端悬臂的对应关系，检查中心线方向偏差、节点距离和高程差等是否符合设计和施工要求。

对于预制安装的箱梁、板梁、"T"形梁等，测量的主要工作是控制平面位置；对于支架现浇的梁体结构，测量的主要工作是控制高程，测得弹性变形，消除塑性变形，同时根据设计保留一定的预拱度；对于悬臂挂篮施工的梁体结构，测量的主要工作是控制高程和预拱度。

> **小 贴 士**
>
> 梁体和护栏全部安装完毕后，用水准仪在护栏上测设桥面中心高程线，作为铺设桥面铺装层起拱测量的依据。

第五节　隧道施工测量

隧道为地下通道的一种，也是最常使用的一种。隧道的施工通常由两端相向开挖，而对于较长隧道，为了缩短工期、改善工作条件、减少施工干扰等，常常采用斜井、竖井、平硐等辅助坑道来增加工作面。

隧道施工测量的主要任务是地面控制测量、地面到地下联系测量、地下控制测量、隧道掘进及贯通时的测量工作。通过这些来保证隧道相向开挖时，能够按照规定的方向正确贯通，并使隧道在施工后衬砌部分和洞内建筑物不超过规定的界限。

一、地面控制测量

隧道的设计位置一般是以定测的精度初步标定在地面上。在施工之前必须进行施工复测，检查并确认两端洞口的中线控制桩(也称为洞口投点)的位置，它是进行洞内施工测量的主要依据。

《工程测量规范》规定，在每个洞口至少应设置三个平面控制点(包括洞口投点及其相联系的三角点或导线点)和两个高程控制点。直线隧道上，两端洞口应各确定一个中线控制桩，以两桩连线作为隧道的中线；在曲线隧道上，应在两端洞口的切线上各确定两个间距不小于 200 m 的中线控制桩，以两条切线的交角和曲线要素为依据，来确定隧道中线的位置。平面控制网应尽可能包括隧道各洞口的中线控制点，这样既可以在施工测量时提高贯通精度，又可减少工作量。高程控制测量时，联测各洞口水准点的高程，以便引测进洞，保证隧道在高程方向准确贯通。

隧道洞外控制测量的目的是，在各开挖洞口之间建立一个精密的控制网，以据此精确地确定各开挖洞口的掘进方向和开挖高程，使之正确相向开挖，保证准确贯通。洞外控制测量主要包括平面控制测量和高程控制测量两部分。

1. 洞外平面控制测量

洞外平面控制测量应结合隧道长度、平面形状、线路通过地区的地形和环境等条件进行，可采用的方法有中线法、导线法、三角锁网法、GPS 测量。

（1）中线法。

中线法是在隧道地面上按一定距离标出中线点，施工时据此作为中线控制桩使用。如图 7-17 所示，A 为进口控制点，B 为出口控制点，C、D、E 为洞顶地面的中线点。

图 7-17　中线法洞外平面控制测量

施工时，分别在 A、B 安置仪器，从 AC、BE 方向延伸到洞内作为隧道的掘进方向。这种方法的平面控制简单、直观，但精度不高，适用于长度较短、洞顶地形较平坦且贯通精度要求不高的隧道。但必须反复测量，防止错误，并要注意延伸直线的检核。其优点是中线长度误差对贯通的横向误差几乎没有影响。

（2）导线法。

当隧道洞外的地形复杂、用钢尺测量距离又比较困难时，可以布设导线作为洞外平面控制。如图 7-18 所示，A、B 分别为进口点和出口点，1、2、3、4 点为导线点。布设时尽量使导线直伸，减小测线长度对贯通横向误差的影响。为了提高精度和增加检核条件，一般都将导线布设成闭合或附合导线，也可以采用复测支导线。

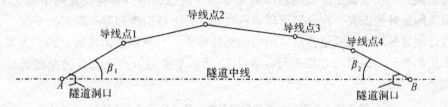

图 7-18　导线法洞外平面控制测量

（3）三角锁网法。

将测角三角锁布置在隧道进出口之间，以一条高精度的基线作为起始边，并在三角锁的另一端增设一条基线，以增加检核和平差的条件。三角测量的方向控制性较中线法、导线法都高，如果仅从提高横向贯通精度的观点考虑，它是最理想的隧道平面控制方法。

> **小贴士**
>
> 随着光电测距仪和全站仪的普遍应用，三角测量除采用测角三角锁外，还可采用边角网和三边网作为隧道洞外控制。但从其精度、工作量等方面综合考虑，以测角三角形锁最为实用。经过近似或严密平差计算，可求得各三角点和隧道轴线上控制点的坐标，然后以这些控制点为依据，可计算各开挖口的进洞方向。

（4）GPS 测量。

隧道洞外控制测量可利用 GPS 技术，采用静态测量方式进行。测量时仅需在各开挖洞

口附近测定几个控制点的坐标即可。其优点是工作量小、精度高、可以全天候观测，目前是大中型隧道洞外控制测量的首选方案。

隧道 GPS 控制网的布网设计应满足下列要求：

①控制网由隧道各开挖口的控制点群组成，每个开挖口至少要布测 4 个控制点。GPS 定位点之间一般不要求通视，但布设同一洞口控制点时，考虑到用常规测量方法检测、加密或恢复的需要，应当通视。

②基线最长不宜超过 30 km，最短不宜短于 300 m。

③每个控制点应有三条或三条以上的边与其连接，十分特别的点才允许由两条边连接。

④点位上空视野开阔，保证至少能接收到四颗卫星的信号。

⑤测站附近不应有对电磁波有强烈吸收或反射的金属和其他物体。

⑥各开挖口的控制点及洞口投点高差不宜过大，尽量减小垂线偏差的影响。

2. 洞外高程控制测量

洞外高程控制测量是按照规定的精度，测量两开挖洞口的进口点之间的高差，并建立洞内统一的高程系统，以保证在高程方向按规定精度准确贯通，并使隧道各附属工程按要求的高程精度正确修建。

一条相向贯通的隧道，在贯通面上对高程要求的精度为 ±25 mm，对地面高程控制测量分配的影响值为 ±18 mm，分配到洞内高程控制的测量影响值是 ±17 mm。根据上述精度要求，按照路线的长度确定必要的水准测量等级。进口和出口要各设置两个以上水准点，两水准点之间最好能安置一次仪器可以进行联测，并方便引测和避开施工的干扰。

高程控制常采用水准测量方法，但当山势陡峻采用水准测量困难时，四、五等高程控制亦可采用测距三角高程的方法进行。表 7-12 所示是各等级水准测量的路线长度及仪器等级的规定。

表 7-12　各等级水准测量的路线长度及仪器等级的规定

测量部位	测量等级	每千米水准测量的偶然中误差/mm	两开挖洞口间水准路线长度/km	水准仪等级/测距仪精度等级	水准标尺类型
洞外	二	≤1.0	>36	DS0.5、DS1	线条式因瓦水准尺
	三	≤3.0	13~36	DSl	线条式因瓦水准尺
	四	≤5.0	5~13	DS3	区格式水准尺
	五	≤7.5	<5	DS3/Ⅰ、Ⅱ	区格式水准尺
				DS3/Ⅰ、Ⅱ	区格式水准尺
洞内	二	≤1.0	>32	S1	线条式因瓦水准尺
	三	≤3.0	11~32	S3	区格式水准尺
	四	≤5.0	5~11	DS3/Ⅰ、Ⅱ	区格式水准尺
	五	≤7.5	<5	DS3/Ⅰ、Ⅱ	区格式水准尺

二、地下控制测量

在隧道施工中，随着掘进进行，需要不断给出隧道的掘进方向。为了正确完成施工放样，防止误差积累，保证最后的准确贯通，应进行洞内控制测量。洞内控制测量工作包括平面控制测量和高程控制测量。

1. 洞内平面控制测量

隧道洞内平面控制测量应结合洞内施工特点进行。由于场地狭窄、施工干扰大，故洞内平面控制常采用中线和导线两种形式。

（1）中线形式。

中线形式是指采用直接定线法，即以洞外控制测量定测的洞口投点为依据，向洞内直接测设隧道中线点，并不断延伸作为洞内平面控制。这是一种特殊的支导线形式，即把中线控制点作为导线点，直接进行施工放样。一般以定测精度测设出待定中线点，其距离和角度等放样数据由理论坐标值反算。这种方法一般适用于小于 500 m 的曲线隧道和小于 1 000 m 的直线隧道。

> **小 贴 士**
>
> 对测设的中线点进行精确测量，计算点位坐标，求出点位误差，调整新点到正确的中线位置上，这种方法也可以用于较长的隧道。
>
> 缺点是受洞内施工、运输干扰大，不方便观测，点位应设置在顶板上。

（2）导线形式。

导线形式是指隧道洞内平面控制采用布设精密导线进行。导线控制的方法较中线形式灵活，点位易于选择，随着掘进的进行逐步设置导线，测量工作也较简单。施工放样时的隧道中线点依据临近导线点进行测设，中线点的测设精度能满足局部地段施工要求即可。洞内导线平面控制方法适用于长、大隧道。

洞内导线具有特殊性，洞内导线须随着隧道的掘进不断向前延伸，并依据导线进行隧道中线施工放样。与洞外导线相比，其具有以下特点：

①洞内导线初期只能敷设支导线，不可能将贯穿洞内的全部导线一次测完。

②测量工作间歇时间取决于掘进的速度。

③导线的形状（直伸或曲折）完全取决于隧道的形状。

④支导线应在施工中定期进行精确复测，以保证控制测量的精度。

⑤洞内导线点不宜保存，观测条件差，标石顶面最好比洞内地面低 20~30 cm，上面加设坚固护盖，然后填平地面，注意护盖不要和标石顶点接触，以免在洞内运输或施工中遭受破坏。

⑥可以将导线点布设在顶板上。

⑦每次建立新的导线点必须检测前一个点，及时发现由于山体压力或施工影响产生的点位位移。

洞内导线主要有以下三种布设方法：

①施工导线。在开挖面向前推进时，可以进行放样而指导开挖的施工导线，其边长为25~50 m。

②基本导线。当掘进100~300 m时，即可选择一部分施工导线点来布设边长为50~100 m、精度要求较高的基本导线。

③主要导线。当掘进超过1 km时，为了保证贯通精度，可选择一部分基本导线点来敷设边长为150~300 m的主要导线。

洞内导线可以采用以下几种形式：

①单导线。其特点是导线布设灵活，但缺乏检测条件。测量转折角时最好半数测回测左角，半数测回测右角，以加强检核。施工中应定期检查各导线点的稳定情况。

②导线环。如图7-19所示，它是长、大隧道洞内控制测量的首选形式，有较好的检核条件，而且每增设一对新点，如4和4′点，可按两点坐标反算4-4′的距离，然后与实地测量的4-4′距离比较，检核4和4′点的正确性。

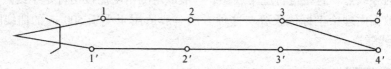

图7-19 导线环

③主、副导线环。如图7-20所示，图中双线为主导线，单线为副导线。主导线既测角又测边长，副导线只测角不测边，增加角度的检核条件。在形成第二闭合环时，可按虚线形式，以便主导线在3点处能以平差角传算3-4边的方位角。主、副导线环可进行角度平差，提高了测角精度，对提高导线端点的横向点位精度非常有利。

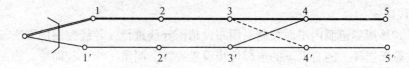

图7-20 主、副导线环

此外，还有交叉导线、旁点闭合环等布线方式。

当有平行导坑时，还可利用相邻两隧道间的横通道、导坑与正洞联系起来，形成导线闭合环，减小导线长度，提高导线的精度。

（3）平面控制测量注意事项。

①每一次建立新点时，都必须检测前一个旧点的稳定性，确认旧点没有发生位移之后，才能用来发展新点。

②导线点应布设在避免施工干扰、稳固可靠的地段，尽量形成闭合环，导线长度一般在直线地段不短于200 m，在曲线地段不宜短于70 m，以接近等长为宜。

③在测角时，根据测量的精度要求确定使用仪器的类型和测回数，洞内需停止掘进施工，经过通风排烟，能见度较高时进行。

④用钢尺测量边长时，钢尺需经过检定，加入各项改正；当使用光电测距仪测边时，应注意洞内排烟和漏水地段测距的状况，设置各项参数。

2. 洞内高程控制测量

洞内高程控制测量是将通过联系测量引测到洞内的高程点作为洞内高程控制点，进行隧道高程方向和构筑物高程基础的施工放样，以保证隧道在竖直方向正确贯通。

洞内水准测量与洞外水准测量的方法基本相同，由于光线不好、灰尘较多，以及受施工干扰等因素的影响，与洞外水准测量相比，洞内水准测量具有以下特点：

①洞内水准路线和洞内导线相同，在隧道贯通之前水准路线属于支水准路线，必须用往返多次观测的方法检核水准点的高程。

②一般利用导线点兼做水准点。点的标志可根据洞内的具体情况埋设在洞底、洞顶或两边的侧墙上。

③洞内应每隔 200~500 m 设立一对高程控制点以便检核。为了施工便利，应在导坑内拱部边墙至少每 100 m 设立一个临时水准点。

④洞内高程点必须定期复测。测设新的水准点前，注意检查前一水准点的稳定性，以免产生错误。

⑤因洞内施工干扰大，常使用挂尺传递高程，如图 7-21 所示，高差的计算公式仍用 $h_{AB}=a-b$，但对于零端在顶上的挂尺（如图中 B 点挂尺），读数应作为负值计算，记录时必须在挂尺读数前冠以负号。

利用 A 点求 B 点的高程计算公式为

$$H_B=H_A+a-(-b)=H_A+a+b \tag{7-11}$$

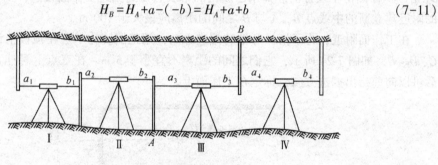

图 7-21　洞内高程控制测量

> **小贴士**
>
> 　　每次水准支线向前延伸时，都需先进行原水准点的检测。隧道贯通之后，应将两水准支线连成附合在洞口水准点的单一水准路线。求出相向两支水准路线的高程贯通误差，在允许误差以内时，可在未衬砌地段进行调整。所有开挖、衬砌工程应以调整后的高程作为指导来进行施工。

三、隧道施工测量

1. 洞口的施工测量

进洞数据通过坐标反算得到后，应在洞口投点安置经纬仪，测设出进洞方向，并将此

掘进方向标定在地面上，即测设洞口投点的护桩。如图 7-22 所示，在投点 A 的进洞方向及其垂直方向上的地面上测设护桩，量出各护桩到 A 的距离。在施工中若投点 A 被破坏，可以及时用护桩进行恢复。

在洞口的山坡面上标出中垂线位置，按设计坡度指导劈坡工作的进行。劈坡完成后，在洞帘上测设出隧道断面轮廓线，进行洞门的开挖施工。

图 7-22　洞门施工测量

2. 洞内中线测量

在全断面掘进的隧道中，常用中线来给出隧道的掘进方向。如图 7-23 所示，P_1、P_2 为导线点，A 为设计的中线点。已知 A 点设计坐标以及隧道中线的坐标方位角，根据已知点 P_1、P_2 的坐标，可推算得 β_2、D 和 β_A。在 P_2 点安置仪器，测设 β_2 角和测量 D，从而得到 A 点的实际位置。在 A 点（顶板或底板）上埋设标志并安置仪器，然后后视 P_2 点，拨 β_A 角，从而测得中线方向。如果已放出的中线点 A 离掘进工作面较远，则可在接近工作面的附近建立新的中线点 B，A 与 B 之间的距离应该大于 100 m。

在工作面附近，为了指导开挖的掘进方向，用正倒镜分中法在顶板上设立临时中线点 C、D、E，如图 7-24 所示，它们之间的距离不宜小于 5 m。在三点上悬挂垂球线，一人在后可以向前指出掘进方向，标定在工作面上。

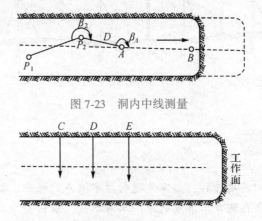

图 7-23　洞内中线测量

图 7-24　悬挂垂球线指出掘进方向

3. 腰线的测设

在隧道的开挖过程中，为了控制施工的高程和隧道横断面的放样，通常要在隧道两侧的岩壁上，每隔 5~10 m 测设出比底板或轨道面高出 1 m 的高程线，称为腰线。腰线的高程是由引测入洞内的施工水准点进行测设的。由于隧道的纵断面有一定的设计坡度，因此隧道腰线的高程按设计坡度随中线的里程而变化，它与隧道底板高程线是一致的。腰线标定后,对于隧道断面的放样和指导开挖都十分方便。

洞内测设腰线的临时水准点应设在不受施工干扰、点位稳定的边墙处,每次引测时都要和相邻点检核,确保无误。

4. 掘进方向指示

应用激光定向经纬仪或激光指向仪来指示掘进方向。利用它发射的一束可见光,指示出中线及腰线方向或它们的平行方向。它具有直观性强、作用距离长、测设时对掘进工序影响小、便于实现自动化控制的优点。如采用机械化掘进设备,则配以装在掘进机上的光电装置跟踪。当掘进方向偏离了指向仪的激光束,光电接收装置将会通过指向仪表给出掘进机的偏移方向和偏移量,并能为掘进机的自动控制提供信息,从而实现掘进定向的自动化。激光指向仪可以安置在隧道顶部或侧壁的锚杆支架上,以不影响施工和运输为宜。

还可应用经纬仪,根据导线点和待定点的坐标反算数据,用极坐标的方法测设出掘进方向。

5. 开挖断面的放样

开挖断面的放样是在中线和腰线基础上进行的,包括两侧边墙、拱顶、底板(仰拱)三部分。根据设计图纸给出的断面宽度、拱脚和拱顶的标高、拱曲线半径等数据放样,常采用断面支距法测设断面轮廓。

全断面开挖的隧道,当衬砌与掘进工序紧跟时,两端掘进至距预计贯通点各 100 m 时,开挖断面可适当加宽,以便调整贯通误差,但加宽值不应超过该隧道横向预计贯通误差的一半。

6. 结构物的施工放样

在结构物施工放样之前,应对洞内的中线点和高程点进行加密。中线点加密的间隔视施工需要而定,一般为 5~10 m 一点,加密中线点应以铁路定测的精度测设。加密中线点的高程均以五等水准精度测定。

在衬砌之前,还应进行衬砌放样,包括立拱架测量、边墙及避车洞和底板的衬砌放样、洞门砌筑施工放样等一系列的测量工作。由于本书篇幅有限,不能一一详述,若读者有兴趣请参阅相关书籍。

第六节　管道施工测量

由于生产力不断发展和城市人口的高度集中,在城镇和工矿企业中铺设的管道越来越多,常见的管道有给水、排水、热力、电信、输电、煤气等。为了合理地敷设各种管道,首先要进行规划设计,确定管道中线的位置并给出定位的数据,即管道的起点、转向点及终点的坐标、高程;然后将图纸上所设计的中线测设于实地,作为施工的依据。管道施工测量的主要任务是根据工程进度的要求向施工人员随时提供中线方向和标高位置。

一、施工前的测量工作

1. 熟悉图纸和现场情况

在进行施工之前，一定要收集管道测设所需要的管道平面图、断面图、附属构筑物图以及相关资料，并熟悉和核对设计图纸，了解工程进度安排和精度要求等，还要到施工现场进行实地考察，熟悉地形和各桩点的大概位置。

2. 校核中线

如果设计阶段在地面上标定的中线位置就是施工时所需要的中线位置，而且各桩点完好，那么就需要校核一次，没必要重新进行测设；但是如果部分桩点已经丢失或者施工的中线位置有变动，那么就要根据设计资料重新恢复旧点或按改线资料来测设新点。

3. 加密水准点

为了在施工过程中方便引测高程，应根据设计阶段布设的水准点，在沿线附近每隔150 m左右增设临时水准点。

二、管道施工测量

管道施工测量的内容与施工管道设置状态有关。进行地下管道施工时，需要测设中线、坡度、检查井位以及开挖沟槽等；而架空管道在施工时，要测设管道中线、支架基础平面位置以及标高等。

1. 地下管道施工测量

（1）中线检核与测设。

在管道施工之前，一定要熟悉有关图纸和资料，了解现场情况以及设计意图，把必要的数据和已知主点位置认真进行查对，然后再进行施工测量工作。

小贴士

虽然勘测设计阶段已经在地面上标定了管道的中线位置，但是由于时间的变化以及其他外部因素的影响，主点、中点标志可能丢失或移动了位置，这就要求在施工时必须对中线位置进行检核。若主点标志移位、丢失或设计变更，则需要对管道主点重新进行测设。

（2）标定检查井位置。

检查井是地下管道工程中的一个组成成分，需要独立施工，因此应标定其位置。而标定井位一般是用钢尺沿中线逐个进行，并且用大木桩进行标记。

（3）设置施工控制桩。

由于管道中线桩在施工中要挖掉，为了便于恢复中线和检查井位置，应在引测方便，易于保存桩位的地方测设施工控制桩。管线施工控制桩分为中线控制桩和井位控制桩两种，如图7-25所示。中线控制桩一般测设在管道起止点及各转折点处中心线的延长线上，井位控制桩则一般测设于管道中线的垂直线上，通过施工控制桩，可以使井位随时恢复。

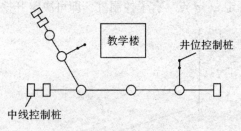

图 7-25 设置施工控制桩

（4）槽口放线。

管道施工槽口宽度与管径、埋深以及土质情况有关。施工测量前应查看管道横断面设计图，先确定槽底宽度，再确定沟槽底宽度。槽口宽度主要取决于管径、挖掘方式和布设容许偏差等因素，另外还需考虑土质情况和边坡的稳定性。埋深则在设计图上取得。

（5）施工测量标志的设置。

在进行管道施工时，为了能够随时恢复管道中线和检查施工标高，一般在管道上要设置专用标志。当施工管道管径较小、管沟较浅时，可以在管线一侧设置一排平行于管道中线的轴线桩，如图 7-26 所示，该轴线桩的测设以不受施工影响和方便测设为准。当施工管道管径较大、管沟较深时，沿管线每隔 10～20 m 应设置跨桥坡度板，坡度板要埋设牢固，顶面要水平。根据中线控制桩，用全站仪将中线投测到坡度板上，并钉上小钉作为中线钉，在坡度板侧面注上该中线钉的里程桩号，相邻中线钉的连线即为管道中线方向，然后在其上悬挂垂线，就可以将中线位置投测到槽底，用于控制沟槽开挖和管道安装。为了控制沟槽开挖深度，可根据附近水准点测出各坡度板的顶端高程、板顶高程与管底高程之差，即开挖深度。

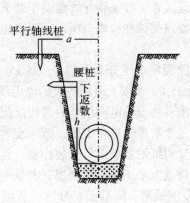

图 7-26 管道施工测量标志的设置

2. 架空管道施工测量

（1）架空管道支架基础施工测量。

架空管道主点测设与管道施工大致相同，此处不多介绍。

架空管道支架基础中心桩测设后，一般采用骑马桩法进行控制，如图 7-27 所示。因管道上每个支架中心桩（如 1 点）都要在开挖时被挖掉，所以要将其位置引测到互为垂直的四个控制桩上。先在主点 A 置经纬仪，然后在 AB 方向钉出 a、b 两个控制桩，仪器移至 1

点，在垂直于管线方向标定 c、d 点，有了控制桩，即可决定开挖边线进行施工。

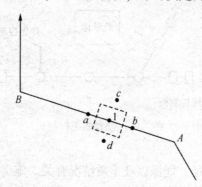

图 7-27 骑马桩法控制管架基础中心桩

架空管道支架基础开挖测量工作，与基础模板定位、厂房柱子基础的测设相同。

（2）架空管道的支架安装测量。

架空管道系安装在钢筋混凝土支架、钢支架上，安装管道支架时，应配合施工进行柱子垂直校正和标高测量工作，其方法、精度要求与厂房柱子安装测量相同。

三、架空送电线路测量

1. 电力系统的构成及其功能

电能从生产到消费一般要经过发电、输电、配电和用电四个环节。通常将发电厂、变电站（所）、输配电线路及用户连接起来构成的整体称为电力系统。发电厂生产的电能是通过高压送电线路输送到用电中心的变电所，经过变电所降压再送给用户的。送电线路分为电缆线路和架空线路两种。电缆线路一般是将导线敷设于地下，造价较高；架空线路是用杆塔把导线悬挂在空中，易于发现故障和检修。所以远距离送电一般都采用架空输电线路（以下简称输电线路或线路）。

目前，我国常用的送电线路额定电压分为 10 kV、35 kV、110 kV、220 kV、330 kV、500 kV 六种。输电线路通常指 35 kV 及以上电压等级的电力线路，而 35 kV 以下电压等级的电力线路常称为配电线路，前者构成输电网络，后者构成配电网络。

输电线路的建设工作分为三个阶段：准备工作、施工安装、启动验收。施工安装是将输电线路的各个组成部分按设计图纸的要求进行安装作业，包括土石方、基础、杆塔、架线、接地装置五个工序，通常将这五个工序又综合成三大基本工序：基础、杆塔、架线。

（1）基础工程施工工序：复测线路、降基面、分坑、基础坑开挖、运输基础材料、浇制基础、养护、撤模及回填。

（2）杆塔工程施工工序：准备工作、排杆连接、组立杆塔、校正及固定杆塔、撤除及转移组立杆塔机具。

（3）架线工程施工工序：运输机具材料、展放导地线、紧线、附件安装。

（4）接地工程施工工序：开挖接地沟、埋设接地体、测量接地电阻。降低接地电阻的方法有：补敷接地体、使用降阻剂、用低电阻率的土壤来置换高电阻率的土壤。

构成架空输配电线路的主要部件有导线、避雷线（简称地线）、金具、绝缘子、杆塔、拉线和基础、接地装置等。

2. 测量工作在送电线路中的作用

(1)规划阶段。依据中小比例尺地形图确定线路基本走向、长度、曲折系数等数据，提供投资匡算，论证项目可行性。

(2)设计阶段。依据地形图和其他信息选择和确定线路路径方案，对线路中心进行实地测量，测量带状地形并绘制具有专业特点的送电线路平断面图，为线路电气、杆塔结构设计、工程施工及运行维护提供科学依据。线路路径的纵断面、横断面和路径区域带状地形图的测定以及绘制平断面图常称为设计测量。

(3)施工阶段。依据送电线路平断面图对杆塔位置进行复核和定位，依据杆塔中心桩位测设杆塔基础测量架空线的弧垂等。根据设计图纸进行的实地定位测量常称为复测分坑。

(4)施工完毕。对工程实物(基础、铁塔、架线弧垂等)进行质量检测，确保按图施工并满足质量要求，以保证送电线路的运行安全。

3. 架空送电线路勘测设计测量

架空送电线路勘测设计是一项综合性的技术工作，包含测量、地质、水文、电气、结构等专业的知识。线路测量工作包括选线测量、定线测量、平断面测量、交叉跨越测量、定位测量。测量工作中应严格执行《工程测量规范》(GB 50026—2007)、《35~220 kV 架空送电线路测量技术规程》(DL/T 5146—2001)和《500 kV 架空送电线路勘测技术规程》(DL/T 5122—2000)。

选线是勘测设计工作的重要环节，目的是在线路起讫点间选出一个全面符合国家项目建设有关规范、解决所涉及与其他建设项目相互地理位置之间的协议关系的，并经过充分研究比较线路所经区域的地形、水文、地质条件，选择出线路长度最短、施工方便、运行安全、便于维护的路径方案。

(1)室内选线。

根据线路规划建设的要求和线路起讫点，利用中小比例尺地形图或者航摄像片，选择线路的路径走向。首先在线路起讫点间或重要拐点间划下直线，以明确线路前进方向和大致线路范围。确定线路途经区域时要考虑如下因素：

①已有地上、地下建(构)筑物和规划建设中的各项工程设施的影响，并考虑规划区。

②避开洼地等不良地质和地形复杂地带。

③考虑与重要通信设施的平行和跨越情况的处理。

④综合考虑安全运行、施工、维护、交通条件、转角和跨越以及线路长度等因素。

⑤预留规划中其他线路路径走廊。

(2)实地勘查。

实地勘查是根据线路路径图上已经选出的初步方案到现场逐点地察看，核实地形、地貌的变化情况，确定方案的可行性。在实地勘查的过程中应用罗盘仪或经纬仪初测线路转角，并在线路必须通过的位置留下标记，作为以后定线测量时的测量目标。对于大跨越点或拥挤地段的重要位置还要绘制平面图。同时，对施工运输的道路、航道、受线路影响范围内的通信线路和其他跨越物，以及线路所经地带的地质、水文等情况，要进行详细的调查。

对路径影响范围内各方面的技术原则落实，且经现场勘查确认该路径方案的技术性可行并经设计审查通过之后，路径方案才能正式确定。然后再进行终勘定线、断面测量及杆塔定位等工作。

（3）选线测量。

选线测量是根据已经确定的路径方案，采用经纬仪测定线路中心的起点、直线点、转角点和终点的位置，逐点在实地确定，并用标志物标定方向作为定线测量的依据。测定线路中心线和转角位置，并沿线进行钉桩、测角、量距，把线路中心线在地面上标定出来，作为断面测量的依据。

（4）定线测量。

定线是根据选线测量所确定的路径，将线路中心线的起点、转角点和终点间各线段用标桩精确地固定于地面上。定线测量的方法有直接定线、间接定线、坐标定线或 GPS 定线等。由于 GPS 定线不需要点与点之间通视，而且能实时动态地显示当前的位置，所以施测过程中非常容易控制线路走向以及与其他建（构）筑物的几何关系。

①钉立标桩。定线测量中对所有转角、直线、测站点等都要钉立标桩，并分别从线路起点开始按顺序编号。标桩应按其作用和意义进行分类标识，各种桩的标识符一般以汉语拼音字母表示。如直线桩记以"Z"、转角桩记以"J"等；桩标识符和顺序号组成桩名，如"J2"表示第 2 个转角桩。桩名在同一工程中是唯一的。

桩位应尽量选在便于安置仪器、能控制地形、方便平断面测量的位置，并保证线段之间各桩互相通视。

②测水平角。直线桩和转角桩的水平角，一般以测回法观测一个测回，取其平均值得到。半测回之差不超过 ±1′。

③距离及高程测量。距离及高程测量是要测出各桩位间的水平距离以及它们之间的高差。当采用视距法测量时，在平地时应不超过 400 m，在丘陵地带应不超过 600 m，在山区应不超过 800 m。当通视条件不好时，还应适当减少视距长度或停止观测。当采用光电测距时，测距长度与仪器测程和棱镜组有关。采用 GPS 相位差分测量与观测到的卫星数量、轨道分布和与基站间距离有关，与桩间距离无关。

当视距测量有困难或测量精度不能满足要求时，可采用三角分析法、横基线法等方法。

（5）平断面测量。

线路定线测量工作完成后，接下来的工作就是要对线路通道范围内进行平面和断面的测量。平断面测量的目的在于掌握线路通道内地物、地貌的分布情况，利用这些技术资料确定杆塔的形式和位置，计算导线与地的安全电气距离，为线路的电气设计和结构设计提供切实的基础技术资料。

（6）交叉跨越测量。

送电线路与河流、电力线、弱电线（指电话线、有线电视、光缆等通信线）、铁路、公路以及地上、地下建（构）筑物交叉跨越时，都必须进行交叉跨越测量，测定与被跨越物交叉点的位置以及被跨越物的标高，作为确定该档档距和弧垂设计的参考依据。

当线路跨越河流时，除施测断面外，还要测量河岸、滩地和航道的位置，以确定跨河杆塔定位范围；当线路跨越铁路、公路时，应施测线路中心线与铁路、公路中心线的交叉角以及轨顶标高或路面标高，并注明铁路或公路交叉点的里程；当线路与电力线或弱电线交叉时，除施测被跨越物的标高外，对一、二级通信线应测交叉角，并将附近通信线杆的位置绘于图上。

(7)杆塔定位测量。

杆塔定位测量是根据已测绘的线路断面图，设计线路杆塔的型号和确定杆塔的位置，然后把杆塔位置测设到已经选定的线路中心线上，并钉立杆塔中心桩作为标志。

四、管道竣工测量

管道竣工测量的目的是客观地反映管道施工后的实际位置和尺寸，以便查明与原设计的符合程度。这是检验管道施工质量的重要工作，并会作为工程交付使用后管理和维修以及改建和扩建时的可靠依据。同时它也是建筑区域规划的必要依据和城市基础地理信息系统的重要组成部分。

由于管道工程多属于地下隐蔽工程，竣工测量的时效性很强，地下管线必须在回填土前测量出转折点、起止点、管井的坐标和管顶标高，并根据测量资料编绘竣工平面图和纵、横面图。竣工测量应全面反映管道及其附属构筑物的平面位置，竣工纵断面图应全面地反映管道及其附属构筑物的高程。竣工图一般根据室外实测资料进行编绘，如工程较小或者不甚重要时；也可在施工图上根据施工设计的变更与测量验收资料，在室内修绘。

对于地上管线的起止点和转折点，如按照设计坐标定位施工时，则按设计数据提交，否则应现场实测。架空管道应测管底标高。

思 考 题

1. 简述桥梁施工测量。
2. 简述隧道施工测量。

第八章　电子测绘仪器原理与应用

20世纪50年代起，随着测绘科学技术、微电子学、激光技术、计算机技术、精密机械技术、通信技术、空间技术的发展，测绘仪器不断地向数字化和自动化的方向发展；1948年，第一台电磁波测距仪问世，标志着测距仪器的重大变革，解决了测绘工程中高精度、远距离、全天候的测距瓶颈；20世纪60年代，电子经纬仪问世，实现了角度测量的高精度自动化；20世纪70年代，研制出集电子测距、电子测角、微型计算机及其软件组合而成的智能型光电测量仪器——全站仪（total station），其不仅可以进行高精度三维坐标测量，还具有自动跟踪、电子补偿、数据存储和计算、通信传输等功能，大大提高了测绘作业的效率；20世纪90年代初，数字水准仪问世，实现了精密水准测量的自动化，降低了水准测量的劳动强度，提高了测量成果的质量；1973年12月，美国建立了新一代的卫星导航系统—— GPS全球定位系统，为测绘空间定位展现了广阔的前景。

第一节 电子测角原理

测量工作在确定地面点的位置时，通常要进行角度测量。最常用来进行角度测量的仪器是经纬仪。实际上，最早使用的仪器是游标经纬仪，到了20世纪40年代才出现了光学经纬仪。光学经纬仪相对于游标经纬仪，具有体积小、质量轻、操作方便等特点，而且测角精度更高。随着光电技术、计算机技术和精密机械的发展，20世纪60年代许多国家又研制出电子经纬仪，推动了测绘技术向数字化、自动化方向发展。

> **小贴士**
>
> 目前主要的电子测角方法有编码度盘法、光栅度盘法和动态法。由于电子测微技术的改进和发展，电子经纬仪的测角精度大大提高，而计算机技术的广泛应用，又提高了电子经纬仪、全站仪的操作环境、计算功能、存储功能和程序运转功能。

一、编码度盘测角原理

编码度盘是按二进制制成的多道环码，测码原理用光电的方法或磁感应的方法读出其编码，并根据其编码直接换算成角度值。通常将码盘分为若干宽度相同的同心圆环，而每一圆环又被刻制成若干等长的透光与不透光区，这种圆环称为编码度盘的码道。每条码道代表一个二进制的数位，由里到外，位数由高到低，如图8-1所示。

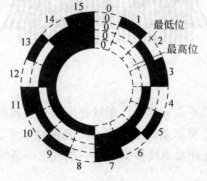

图8-1 编码度盘

在码道数目一定的条件下，整个编码度盘可以分成数目一定、面积相等的扇形区，称为编码度盘的码区。处于同一码区的各码道的透光区与不透光区排列构成编码度盘的一个编码，这一码区所显示的角度范围称为编码度盘的角度分辨率。

为了读取各码区的编码数，在编码度盘的码道一侧设置半导体发光二极管，对应的一侧设置光敏二极管作为光电转换器。码盘上的发光二极管和码盘下的光敏二极管组成测角的读定标志。把码盘的透光、不透光由光电转换器转换成电信号，透光以"1"表示，不透光以"0"表示，这样码盘上每一格就对应一个二进制数，经过译码就成为十进制的数，从而在显示器上显示一个角度值，编码与方向值见表8-1。因此，编码度盘的测角方法又称为绝对式测角法。

表 8-1 编码与方向值

区间	编码	方向值	区间	编码	方向值
0	0000	0°00′	8	1000	180°00′
1	0001	22°30′	9	1001	202°30′
2	0010	45°30′	10	1010	225°00′
3	0011	60°30′	11	1011	247°30′
4	0100	90°00′	12	1100	270°00′
5	0101	112°30′	13	1101	292°30′
6	0110	135°00′	14	1110	315°00′
7	0111	157°30′	15	1111	337°30′

二、光栅度盘测角原理

角度测量光栅是在度盘径向按等角距刻制的辐射状径向光栅，将两密度相同的光栅相叠，并使它们的刻划相互倾斜一个很小的角度，这时会出现明暗相间的条纹，称为莫尔条纹，光栅度盘就是利用莫尔干涉条纹效应来实现测角的，如图8-2所示。

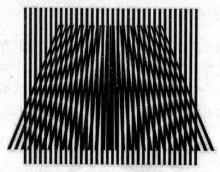

图 8-2 莫尔干涉条纹

莫尔条纹有如下特点：

（1）在垂直于光栅构成的平面方向上，条纹亮度按正弦周期性变化。

（2）当光栅水平移动时，莫尔条纹上下移动。光栅在水平方向相对移动一条刻线，莫尔条纹在垂直方向移动一周（即明条纹移动到上一条或下一条的明条纹的位置上）。其移动

量为

$$y = x\tan\theta \qquad (8-1)$$

式中　y——条纹移动距离；

x——光栅水平相对移动距离；

θ——两光栅之间的夹角。

由式(8-1)可见，虽然刻线间隔不大，但只要两光栅夹角足够小，很小的光栅移动量就会产生很大的条纹移动量，起到位移量放大器的作用。

光栅度盘测角的基本原理如图8-3(a)所示。光栅度盘的指示光栅、接收管、发光管的位置是固定的，当度盘随照准部转动时，莫尔条纹落在接收管上，度盘每移动一条光栅，莫尔条纹在接收管上就移动一周，通过接收管的电流就变化一周，如图8-3(b)所示。当仪器照准零方向时，让仪器计算器处于"0"状态，当度盘随照准转动照准目标时，通过接收管的电流的周期数就是两个方向之间的光栅数。由于光栅之间的夹角是已知的，计数器所计的电流周期数经过处理就可以显示角度值。通常采用时标脉冲进行计数，即在每一周期内插入 n 个脉冲，计算器对脉冲计数，所得到的脉冲数等于两个方向所夹光栅条纹数的 n 倍，这就相当于光栅刻划线增加了 n 倍，角度分辨率提高了 n 倍。由于这种测角方式测定光栅增加量，所以又称增量式测角或称增量法。

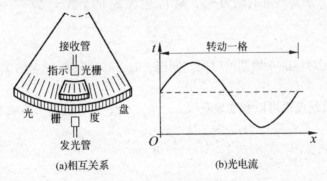

图 8-3　光栅度盘测角原理

三、动态测角法原理

动态测角法的特点是每测定一个方向值均利用度盘的全部分划线，这样可以消除刻划误差和度盘的偏心差对观测值的影响。度盘由等间隔的明暗分划线构成，其分划线的间隔为角度 φ_0。度盘内侧设有固定光阑 L_S，外侧设有可动光阑 L_R，光阑上装有发光二极管和光电二极管，用于传递度盘移动的信息。当度盘在电机的带动下以一定的速度旋转时，接收光电二极管收到光信号，并输出高电平信号；没有收到光信号时，光电二极管输出低电平信号，如图8-4所示，此时，L_S 和 L_R 的夹角 φ 可用度盘转动的明暗间隔数目来表示

$$\varphi = n\varphi_0 + \Delta\varphi \qquad (8-2)$$

式中　φ_0——度盘分划线所对应的角度。为了便于计算，在度盘设计时分为 1 024 分划线，故有

$$\varphi_0 = \frac{360\times3\ 600''}{1\ 024} = 1\ 265.\ 625''$$

由式(8-2)可知，在 φ_0 已知的情况下，只要确定 n 和 $\Delta\varphi$，即可算出度盘所转动的角度 φ 值。下面简单介绍 n 和 $\Delta\varphi$ 的测定方法。

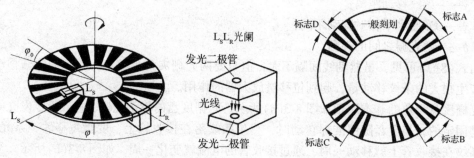

图 8-4　格区式度盘图　　　　　　　　图 8-5　度盘结构图

1. n 的测定

n 值的测定是通过在度盘上设立参考标志解决的。如图 8-5 所示，测角时度盘按一定的速度旋转一周，则所设的 4 组标志刻划必然经过光阑 L_S、L_R 各一次。由于标志刻划的特殊性，任一标志刻划经过 L_S、L_R 之间的时间 T 是可以测定的。设 A 标志刻划为固定光阑 L_S，到可动光阑 L_R 所对应的时间为 T_A，则 T_A 包含 φ_0 的个数 n_A 为

$$n_A = \frac{T_A}{T_0} \tag{8-3}$$

式中　T_0——φ_0 相对应的一周期的时间。同理，n_B、n_C、n_D 所对应的 T_B、T_C、T_D 也可推算得到。

电子经纬仪微处理机可以容易地获取 n_A、n_B、n_C、n_D，这样可准确地测定 n 值，即

$$n = \frac{n_A + n_B + n_C + n_D}{4} \tag{8-4}$$

2. $\Delta\varphi$ 的测定

$\Delta\varphi$ 设计上由数字脉冲电路的测定方式获取。由于 L_S、L_R 之间的相位角 φ 中存在 $\Delta\varphi$，因此在脉冲电路中可以得到与 $\Delta\varphi$ 相对应的脉冲数。假设填充脉冲的频率 $f_C = 1.72$ MHz，角度值 φ_0 的一个周期的时间 $T_0 = 325 \times 10^{-6}$ s，这时所得的脉冲数为 $f_C \times T_0 = 559$。这样每个脉冲代表的角值为 $\frac{1\,265.625''}{559} = 2.26''$。$\Delta\varphi$ 是 φ_0 范围内不足一个周期的角度值，这样就可以利用脉冲电路获得的脉冲数而准确地得到角度值。假如某一 $\Delta\varphi$ 所对应不足一周期的时间宽度 $\Delta t = 125 \times 10^{-6}$ s，可得脉冲数为 $f_C \times \Delta t = 215$，将此值转为角度值为 $2.26'' \times 215 = 485.9''$。这样 n 和 $\Delta\varphi$ 都得到解决，用式(8-2)可以算出电子度盘所转动的角。

第二节　电磁波测距原理

电磁波测距仪是以电磁波作为载波的测距仪器，发展至今已有 60 多年的历史。瑞典大地测量学者贝尔格斯川在大地测量基线上采用光电技术精密测定光速值，于 1943 年获得了满意的结果；同年，他与该国的 AGA 公司合作，于 1948 年年初成功研制了一种利用

白炽灯作为光源的测距仪，命名为大地测距仪（geodimeter），又称光电测距仪。

一、脉冲式测距仪原理

脉冲式测距仪原理如图 8-6 所示。首先由脉冲发射器发射出一束光脉冲，经过发射光学系统后射向被测目标；与此同时，由机器内的取样棱镜取出一小部分脉冲送入接收光学系统，再由光电接收器转换为电脉冲（称为主波脉冲），作为"电子门"的开门信号，此刻时标脉冲电子门进入计数器开始计时。从目标反射回来的光脉冲接收光学系统后，经过光电接收器转换为电脉冲（称为回波脉冲），作为"电子门"关门信号，时标脉冲停止进入计数器。因此，主波脉冲和回波脉冲之间的时间间隔就是光脉冲在待测距离上往返传播的时间 t_{2D}。设 c 为光在大气中的传播速度，则待测距离 D 为

$$D = \frac{1}{2} c t_{2D} \tag{8-5}$$

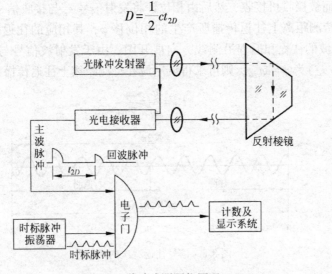

图 8-6 脉冲式测距仪原理

当测时的精度为 $\pm 10^{-8}$s 时，由误差传播定律可知

$$m_D = \frac{1}{2} c m_{t_{2D}}$$

则其对测距精度的影响为 ± 150 cm。

二、相位式测距仪原理

1. 相位式测距仪的基本原理

所谓相位式测距，就是测量连续的调制波在待测距离上往返传播一次所产生的位移，间接测定调制信号所传播的时间 t，从而求得被测距离 D 的一种测距方法，具体可用图 8-7 来说明。

由载波光源发出的光经过调制器调制后，成为光强随着高频调制信号变化的调制光，射向测线的另一端的反射镜，经反射镜反射后被接收器接收，然后进入混频器进行混频并送入比相器与参考信号进行相位比较，从而得到调制信号在待测距离上往返传播所产生的相位移，通过数据处理，就可在显示器上显示出距离。

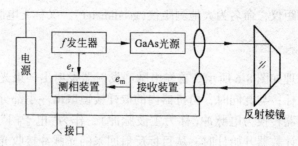

图 8-7　相位法测距原理

2. 相位测距的计算公式

如图 8-8 所示，测距仪在 A 点发射的调制光在待测距离上传播，被 B 点反射棱镜反射后又回到 A 点而被接收机接收，然后由相位计将发射信号 e_r 与接收信号 e_m 进行相位比较，得到调制光在待测距离上往返传播所产生的相位移 φ，其相应的往返传播时间为 t_{2D}。图 8-8 是调制正弦波的往程和返程沿测线方向展开图。由于发射波信号与反射波信号之间的相位移（即相位差）为 $\varphi = \omega t_{2D}$，则可求得调制波在待测距离上往返传播的时间为

$$t_{2D} = \frac{\varphi}{\omega} = \frac{\varphi}{2\pi f} \tag{8-6}$$

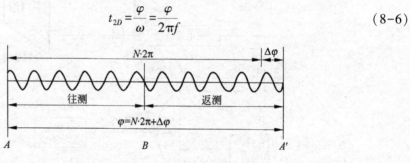

图 8-8　信号往返一次的相位差

将式（8-6）代入式（8-5）得

$$D = \frac{c}{2}\frac{\varphi}{2\pi f} \tag{8-7}$$

由图 8-8 可知，$\varphi = 2\pi N + \Delta\varphi$，代入式（8-7）得

$$D = \frac{c}{2} \cdot \left(\frac{N \cdot 2\pi + \Delta\varphi}{2\pi f}\right) = \frac{c}{2f} \cdot \left(N + \frac{\Delta\varphi}{2\pi}\right) \tag{8-8}$$

令 $u = \dfrac{c}{2f}$，$\dfrac{\Delta\varphi}{2\pi} = \Delta N$，则式（8-8）为

$$D = u \cdot (N + \Delta N) \tag{8-9}$$

式中　ω——角速度；

　　　f——调制波频率；

　　　u——尺长，$u = \dfrac{c}{2f} = \dfrac{\lambda}{2}$（$\lambda$ 为调制波波长）；

　　　$\Delta\varphi$——不足整周期的相位差尾数；

　　　N——整周期数；

　　　ΔN——不足整周期的比例数。

相位式测距仪一般只能测定相位尾数 $\Delta\varphi$，无法确定整周数 N，因此式(8-8)容易产生多值解，实际上距离 D 无法确定。

3. 确定 N 值的方法

由式(8-9)可知，当测尺长度 u 大于被测距离 D 时，则有 $N=0$，即可求得距离值 $D = u \cdot \dfrac{\Delta\varphi}{2\pi} = u \cdot \Delta N$，因此，为了扩大单值解的测程，必须选用较长的测尺，即选择较低的调制频率。仪器测相装置的测相精度一般小于 $\dfrac{1}{1\,000}$，对测距误差的影响随测尺长度的增大而增大。为了解决扩大测程和提高精度的矛盾，可以采用一组测尺频率，以短测尺（又称精测尺）保证精度，用长测尺（又称粗测尺）保证测程。这样，就可以解决"多值解"的问题。

设测尺频率 $f_1 = 15$ MHz，$f_2 = 150$ kHz，则对应的测尺长度为

$$u_1 = \frac{c}{2f_1} = 10 \text{ m}$$

$$u_2 = \frac{c}{2f_2} = 1\,000 \text{ m}$$

如某段距离为 386.118 m，粗测尺测距结果为 380 m，精测尺测距结果为 6.118 m，则显示距离值为 386.118 m。

第三节　全站仪及其使用

一、全站仪的组成及其功能

全站仪是电子测距、电子测角、微型计算机及其软件组合而成的智能型的光电测量仪器，如图 8-9 和 8-10 所示。世界上第一台全站仪是 1968 年联邦德国 OPTON 公司生产的 Reg Elea 14。全站仪的基本功能是测量水平角、竖直角和斜距。借助机内固化的测量软件，可以计算并显示水平距离、高差及三维坐标，可进行偏心测量、悬高测量、对边测量、面积测算等。随着微电子技术、光电测距技术、微型计算机技术的发展，全站仪的功能得到不断的完善，实现了电子改正（自动补偿）、电子记录、电子计算，甚至将各种测量程序装载到仪器中，使其能够完成特殊的测量和放样工作。马达驱动、自动目标识别与照准的高精度智能测量机器人，可实现测量的高效率和自动化。

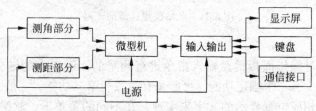

图 8-9　全站仪结构框图

全站仪具有以下特点。

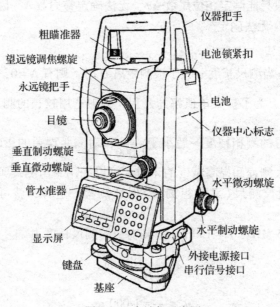

粗瞄准器
望远镜调焦螺旋
永远镜把手
目镜
垂直制动螺旋
垂直微动螺旋
管水准器
显示屏
键盘
基座

仪器把手
电池锁紧扣
电池
仪器中心标志
水平微动螺旋
水平制动螺旋
外接电源接口
串行信号接口

图 8-10　全站仪示意图

1. 三同轴望远镜

在全站仪的望远镜中，望远镜视准轴、光电测距的红外光发射光轴和接收光轴三者为同轴，其光路如图 8-11 所示。测量时只需要用望远镜照准目标棱镜中心，就能同时测定水平角、垂直角和斜距。

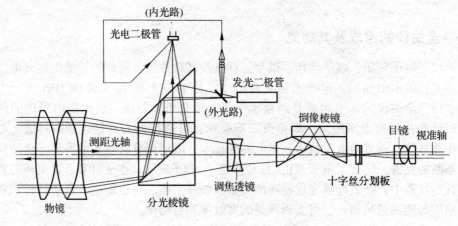

（内光路）
光电二极管
发光二极管
（外光路）
倒像棱镜
目镜　视准轴
测距光轴
调焦透镜
十字丝分划板
物镜
分光棱镜

图 8-11　全站仪望远镜的光路

2. 键盘操作

全站仪都是通过操作面板键盘输入指令进行测量的。键盘上的键分为硬键和软键两种，每个硬键都至少有一个固定功能，可能兼有第二、第三功能；一般来说，软键的功能通过屏幕最下一行相应位置显示的文字来实现，在不同的菜单下，软键具有不同的功能。现在的国产全站仪和大部分进口全站仪一般都实现了全中文显示，操作界面非常直观和友好，极大地方便了全站仪的操作。

3. 数据存储与通信

全站仪机内一般都带有可以存储 2 000 个以上点观测数据的内存，有些配有 CF 卡来增加存储容量。仪器设有一个标准的 RS-232C 通信接口，使用专用电缆与计算机连接可以实现全站仪与计算机的双向数据传输。

4. 倾斜传感器与电子补偿

为了消除仪器竖轴倾斜误差对角度测量的影响，全站仪上一般设有电子倾斜传感器，当它处于打开状态时，仪器能自动测出竖轴倾斜的角度，利用编制的误差修正程序，就可计算出对角度观测的影响，并自动对角度观测值进行改正。单轴补偿的电子传感器只能修正竖直角，双轴补偿的电子传感器可以修正水平角。

二、全站仪双轴补偿系统

双轴补偿器一般采用液体补偿器。它既可以测量竖轴在水平轴方向的倾斜分量（也称视准轴横向误差），又可以测量竖轴在视准轴方向倾斜分量（也称视准轴纵向误差），其基本补偿原理如图 8-12 所示。

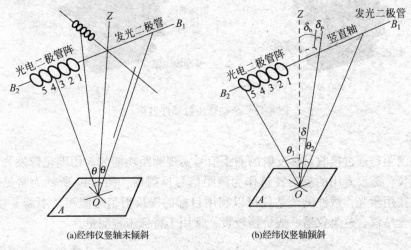

图 8-12　双轴补偿器补偿原理图

当液体表面静止时，铅垂线 ZO 垂直于液面 A，竖直轴倾斜等于零，不对水平方向和竖直角产生影响。补偿器在平行于水平轴的直线 B_1B_2 上设置一发光二极管，它所发射的光经透镜组落到液面 A 上，被液面 A 反射后，又经过透镜组落到直线 B_1B_2 另一端的光电二极管阵的中心光电二极管上。在垂直于水平轴的方向线上也有类似的装置。当发光二极管发射的光线被两个方向的中心光电二极管接收时，表明竖轴铅直，不存在误差。

如果竖直轴相对于铅垂线有一倾角 δ 时，这个倾角在水平方向上的分量为 δ_b，在视准轴方向上的分量为 δ_p，在直线 B_1B_2 上的发光二极管射出的光线与垂直于液面方向的夹角为 θ_1，经液面反射后落到 5 号光电二极管上。仪器设计这个补偿器时已确定了 5 号光电二极管输出的信号代表了倾斜角在水平轴方向上的分量 δ_b 角；同理，在视准轴线的方向上，某个号的光电二极管输出的信号代表了视准轴水平方向的分量 δ_p。通过微机处理可按下式计算出竖轴倾斜引起水平方向和竖直方向的改正数

$$水平方向改正数 = \delta_b \sin \alpha \tag{8-10}$$

$$竖直方向的改正数=\delta_p \qquad (8-11)$$

式中　α——竖直角。

全站仪的补偿技术是全站仪高精度测量的基本条件之一。

三、全站仪的使用

1. 主机

虽然目前国内流行的全站仪种类较多，但主机部件名称及其功能大同小异，图 8-13 所示为流行较广的全站仪主机部件名称图。

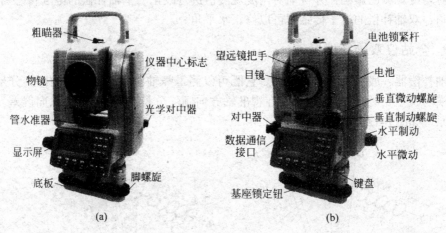

图 8-13　全站仪主机部件名称

2. 棱镜

电磁波测距是通过接收目标反射的测距信号实现测距功能的。用砷化镓发光二极管作载波的全站仪，需要专用的反射棱镜作为测距信号反射器，图 8-14 所示为常见的三种测距棱镜。有些用激光作载波的全站仪可以利用目标的漫反射信号测距，不需要棱镜配合，称为免棱镜全站仪，这类仪器一般价格较贵，常用于特殊工程测量。

(a)单棱镜　　　　　(b)三棱镜　　　　　(c)对中杆棱镜

图 8-14　全站仪棱镜

各个仪器厂家生产的棱镜有各自的棱镜几何常数，当主机与棱镜不配套时，需要测定棱镜常数，并将其输入全站仪。

3. 主机操作界面

全站仪主机操作界面种类较多，本书以目前比较流行的中档全站仪为例，介绍全站仪的操作界面及其功能。图 8-15 所示为常见的全站仪中文操作界面。

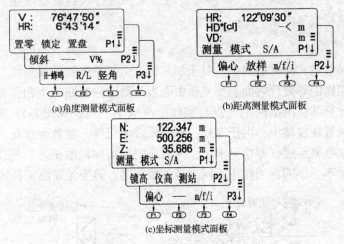

图 8-15　全站仪中文操作界面

F1、F2、F3、F4——软功能键，其功能分别对应显示屏上相应位置显示的命令。

P1、P2、P3——翻页提示，按 F4 键翻页。

4. 全站仪坐标测量

在图 8-16 中，A、B 为已知控制点，P 为待定点。测定 P 点坐标的作业流程如下。

（1）安置仪器与棱镜。在 A 点安置全站仪，在 B 点安置棱镜，在待定点 P 安置棱镜。仪器与棱镜安置包括对中和整平工作。

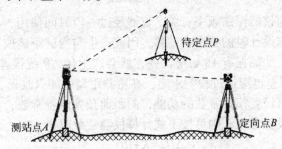

图 8-16　全站仪点位坐标测量示意图

（2）开机。按电源开关键开机。有些全站仪需要将照准部纵转后才能启动运行。

（3）输入已知点坐标及参数。利用翻页键使界面显示坐标测量模式，利用软功能键分别输入测站点坐标和高程、定向点（后视点）坐标、仪器高、气象元素、P 点棱镜常数、P 点棱镜高等。

（4）定向与检查。输入定向点坐标后，盘左位置精确瞄准 B 点棱镜，然后轻按回车键，开始观测，显示屏显示 B 点实测坐标。检查实测坐标与 B 点的已知坐标是否一致，如果其差值满足精度要求，则定向工作完成。

（5）观测：轻转照准部，精确瞄准 P 点棱镜。显示屏显示 P 点的平面坐标和高程（N、E、Z），即 X、Y、H。

四、测距成果计算

一般全站仪测定的是斜距 D'_0，因而需对测试成果进行仪器常数改正、气象改正、倾斜改正等，最后求得水平距离。

1. 仪器常数改正

仪器常数有加常数和乘常数两项。对于加常数，由于发光管的发射面、接收面与仪器中心不一致，反光镜的等效反射面与反光镜中心不一致，内光路产生相位延迟及电子元件的相位延迟，因此全站仪测出的距离值与实际距离值不一致，如图 8-17 所示。此常数一般在仪器出厂时预置在仪器中，由于震动、电子元件老化等，常数会变化，因此还会有剩余加常数，这个常数要经过仪器检测求定，并对所测距离加以改正。另外，不同型号的全站仪其棱镜常数是不一样的，当使用不同型号的棱镜时，需要重新测定棱镜的加常数。

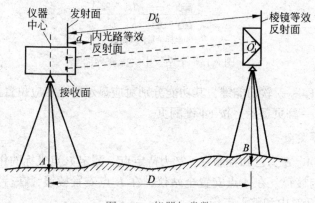

图 8-17　仪器加常数

仪器的测尺长度与仪器振荡频率有关。仪器经过一段时间使用，晶体会老化，致使测距时仪器的晶振频率与设计时的频率有偏移，因此产生与测试距离成正比的系统误差。其比例因子称为乘常数。如晶振有 15 kHz 误差，就会产生 10^{-6} 系统误差，使 1 km 的距离产生 1 mm 误差。此项误差也应通过检测求定，在所测距离中加以改正。

现代全站仪都具有设置仪器常数的功能，测距前预先设置常数，在仪器测距过程中自动改正。若测距前未设置常数，则可按下式计算仪器常数改正 ΔD_K：

$$\Delta D_K = K + R D'_0 \tag{8-12}$$

式中　K——仪器加常数，单位为 mm；

　　　R——仪器乘常数，单位为 mm/km；

　　　D'_0——实测斜距，单位为 km。

2. 气象改正

仪器的测尺长度是在一定的气象条件下推算出来的，但是仪器在野外测量时气象参数与仪器标准气象元素不一致，因此测距值产生系统误差。所以在测距时，应同时测定环境温度（读至 1 ℃）、气压（读至 1 mmHg（133.3 Pa））。利用仪器生产厂家提供的气象改正公式，计算距离气象改正值 ΔD_0。如某厂家全站仪气象改正公式为

$$\Delta D_0 = \left(28.\,2 - \frac{0.\,029P}{1 + 0.\,003\,7t}\right) \cdot D'_0 \tag{8-13}$$

式中 P——观测时气压，单位为 mbar（1 bar $= 10^5$ Pa）；

   t——观测时温度，单位为℃；

   D'_0——实测斜距，单位为 hm；

   ΔD_0——气象改正数，单位为 mm。

目前，大多数全站仪都具有设置气象参数的功能，在测距前设置气象参数，在测距过程中仪器可自动进行气象改正。

3. 倾斜改正

全站仪测量斜距结果 D'_0 经过两项改正后的距离是仪器几何中心到反光镜几何中心的正确斜距 D_0，要改算成平距还应进行倾斜改正。目前常用的全站仪在测距时可以同时测出竖直角 α 或天顶距 z（天顶距是从天顶方向到目标方向的角度）。用下式计算平距 D

$$D = D_0 \cos \alpha = D_0 \sin z \tag{8-14}$$

五、全站仪的标称精度

从相位法测距公式分析仪器误差来源，从而得到仪器的标称精度。相位法测距公式为

$$D = \frac{c_0}{2n_g f}\left(N + \frac{\Delta\varphi}{2\pi}\right) \tag{8-15}$$

式中 c_0——真空中的光速；

   n_g——大气折射率；

   f——调制频率；

   $\Delta\varphi$——相位差尾数。

它们的误差都会对测距带来误差，利用误差传播定律，测距误差为

$$M_D^2 = \left(\frac{m_{c_0}^2}{c_0^2} + \frac{m_{n_g}^2}{n_g^2} + \frac{m_f^2}{f^2}\right) \cdot D^2 + \left(\frac{\lambda}{4\pi}\right)^2 \cdot m_{\Delta\varphi}^2 + m_k^2 \tag{8-16}$$

式中最后一项是考虑仪器常数测定误差。

式（8-16）中的误差可分成两部分。前三项与距离 D 成正比，称为比例误差；后两项与距离无关，称为固定误差。仪器生产厂家常将此误差用下式表示，作为仪器的标称精度：

$$M_D = \pm(A + B \times 10^{-6} \cdot D) \tag{8-17}$$

式中 A——固定误差；

   B——比例误差系数。

如某型号全站仪标称精度为 $\pm(3 + 2 \times 10^{-6} \cdot D)$，则表示该仪器测距精度的固定误差为 3 mm，比例误差为 2 mm/km。

第四节 数字水准仪原理

数字水准仪（digital level）又称电子水准仪，是用于自动化水准测量的仪器，它采用 CCD 阵列传感器获取编码水准尺的图像，依据图像处理技术来获取水准标尺的读数，标尺

图像处理及其处理结果的显示均由仪器内置计算机完成。图 8-18 所示为数字水准仪及编码水准尺示意图，图 8-19 所示为数字水准仪结构图，图 8-20 所示为数字水准测量系统原理框图。

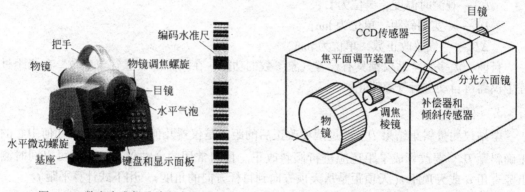

图 8-18　数字水准仪及编码水准尺　　　　　图 8-19　数字水准仪结构图

如图 8-20 所示，标尺上的条码图案经过光反射，一部分光束直接成像在望远镜分划板上，供目视瞄准和调焦；另一部分光束通过分光镜转折到 CCD 传感器上，经光电 A/D 转换成数字信号，通过微处理器 DSP 进行解码，并与仪器内存的参考信号进行比较，从而获得 CCD 中丝处标尺条码图像的高度值。

数字水准仪是通过自动识别条码图像来获取水准尺读数的，因此，尺子编码及编码识别技术是数字水准测量的关键。目前流行的几种条码图像自动识别技术有相关法（如 leica）、几何法（如 trimble）、相位法（如 topcon）等。从这几种原理的共性来看，它们都使用了光学水准仪的光路原理，也都使用了条形码标尺。条码明暗相间，通过改变明暗条码的宽度可以实现编码，且条码不存在重复的码段。但它们的编码规则也有非常明显的个性区别，从这些区别可以看出它们的解码原理的区别。所有的数字水准原理的解码过程都存在粗测、精测和精粗衔接这些步骤过程，且这些过程和普通的光学模拟水准仪仍然有相似之处，如图 8-21 所示。

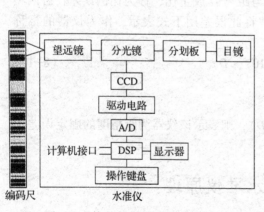

图 8-20　数字水准测量系统原理图

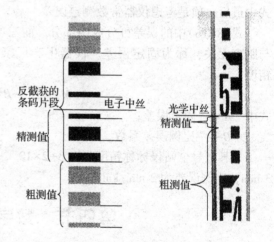

图 8-21　编码尺解码示意图

①粗测：确定光电传感器所截获条码片段在标尺上的位置，这一过程也就是图像识别

过程。

②精测：确定电子中丝在所截获的条码片段中的位置。

③精粗衔接：根据精测值和粗测值求得电子中丝在标尺上的位置，即测量结果。

另外，相位法的精测和粗测含义有所不同。

第五节 全球卫星导航定位测量基础

一、全球导航卫星系统及其定位原理

全球导航卫星系统（Global Navigation Satellite System，GNSS）是所有卫星导航定位系统的统称，目前包括美国的 GPS 系统、苏联（现俄罗斯）的 GLONASS 系统、欧盟的 Galileo 系统和我国的 Compass 系统。

GNSS 定位是利用测距后方交会原理来确定未知点位置的。如图 8-22 所示，高空中卫星的瞬时位置是已知值，地面点到卫星的距离是观测值，地面点是未知点，未知量有三个，即 $P(X_P, Y_P, Z_P)$。为了求解这 3 个未知量，需要观测 3 颗卫星 (X_i, Y_i, Z_i)（$i=1$，2，3），联立 3 个方程求解。即

$$\rho_i = \sqrt{(X_P-X_i)^2+(Y_P-Y_i)^2+(Z_P-Z_i)^2} \tag{8-18}$$

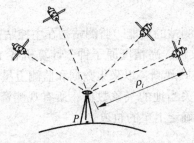

图 8-22 GNSS 定位原理

由于 GNSS 采用了单程测距原理，所以，要准确地测定卫星至观测站的距离，就必须使卫星钟与用户接收机钟保持严格同步。但在实践中这是难以实现的。因此，实际所确定的卫星至观测站的距离 ρ_i 都不可避免地会含有卫星钟和接收机钟非同步误差的影响。为了准确得到这个距离，就要准确测量时间，为此实际应用上把时间也看作是一个未知数，在解算位置未知数的同时把精确时间也求出来，这就有了 4 个未知数 $P(X_P, Y_P, Z_P, T)$，所以 GNSS 测量一般需要同时观测至少 4 颗卫星。这种含有钟差影响的距离通常称为伪距，并把它视为 GNSS 定位的基本观测量。由于观测量不同，一般将由码相位观测所确定的伪距简称为测码伪距，而将由载波相位观测确定的伪距简称为测相伪距。在上述联立方程中加入时间未知数，并考虑到电离层和对流层延迟对无线电信号的影响，卫星至观测站的准确距离 ρ 可以表达为

$$\rho = \rho_i + \delta_{\rho_1} + \delta_{\rho_2} + C\delta_{t_k} + C\delta_{t_j} \tag{8-19}$$

式中 δ_{ρ_1}——电离层延迟改正；

δ_{ρ_2}——对流层延迟改正；

C——信号传播速度；

δ_{t_k}——卫星钟差改正；

δ_{t_j}——接收机钟差改正。

下面以美国的 GPS 为例，简单介绍 GNSS 的有关知识。其他 3 个系统也具有类似的体系。

二、美国的 GPS 组成

美国的 GPS 主要由三大组成部分，即空间星座部分、地面监控部分和用户设备部分。

1. 空间星座部分

GPS 的空间卫星星座由 24 颗卫星组成，其中包括 3 颗备用卫星。卫星分布在 6 个轨道面内，每个轨道面上分布有 4 颗卫星。卫星轨道面相对地球赤道面的倾角约为 55°，各轨道平面升交点的赤经相差 60°，在相邻轨道上，卫星的升交距角相差 30°。轨道平均高度约为 20 200 km，卫星运行周期为 11 h58 min。因此，同一观测站上，每天出现的卫星分布图形相同，只是每天提前约 4 min。每颗卫星每天约有 5 h 在地平线以上。

2. 地面监控部分

GPS 的地面监控部分目前主要由分布在全球的 5 个地面站所组成，按种类分包括卫星监测站、主控站和信息注入站。

（1）监测站。

现有 5 个地面站均具有监测站的功能。监测站是在主控站直接控制下的数据自动采集中心，站内设有双频 GPS 接收机、高精度原子钟、计算机各 1 台和环境数据传感器若干台。接收机对 GPS 卫星进行连续观测，以采集数据和监测卫星的工作状况。原子钟提供时间标准，而环境传感器收集有关当地的气象数据，所有观测资料由计算机进行初步处理，并存储和传送到主控站，用以确定卫星的轨道。

（2）主控站。

主控站只有 1 个，设在科罗拉多（Colorado Springs）。主控站除协调和管理所有地面监控系统的工作外，其主要任务有：①根据本站和其他监测站的所有观测资料，推算编制各卫星的星历、卫星钟差和大气层的修正参数等，并把这些数据传送到注入站；②提供 GPS 的时间基准；③调整偏离轨道的卫星，使之沿预定的轨道运行；④启用备用卫星以代替失效的工作卫星。

（3）注入站。

注入站现有 3 个，分别设在印度洋的迭哥加西亚（Diego Garcia）、南大西洋的阿松森岛（Ascension）和南太平洋的卡瓦加兰（Kwajalein）。注入站的主要任务是在主控站的控制下，将主控站推算和编制的卫星星历、钟差、导航电文和其他控制指令等注入相应卫星的存储系统，并监测注入信息的正确性。

3. 用户设备部分

GPS 的空间部分和地面监控部分是用户应用该系统进行定位的基础，而用户只有通过用户设备才能实现应用 GPS 定位的目的。

用户设备的主要任务是接收 GPS 卫星发射的无线电信号，以获得必要的定位信息及观测量，并经过数据处理完成定位工作。

　　用户设备主要由 GPS 接收机硬件、数据处理软件以及微处理机及其终端设备组成，而 GPS 接收机的硬件一般包括主机、天线和电源。

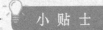

　　目前，国际上适用于测量工作的 GPS 接收机已有众多产品问世，且产品的更新很快，日新月异。特别是在当前 GNSS 时代，可以同时接收双星及多星系统的用户接收机已研制成功并投入了使用，这为摆脱某星系统的限制、更加精准地定位提供了广阔的应用空间。

三、GPS 卫星的测距码信号

　　GPS 卫星所发出的信号包括载波信号、P 码(或 Y 码)、C/A 码和数据码(或称 D 码)等多种信号分量，如图 8-23 所示，其中的 P 码和 C/A 码统称为测距码。码是用以表达某种信息的二进制数的组合，是一组二进制的数码序列。随机码具有良好的自相关特性，但由于它是一种非周期性的序列，不服从任何编码规则，所以实际上无法复制和利用。因此，为了实际的应用，GPS 采用了一种伪随机噪声码(Pseudo Random Novice，PRN)，简称伪随机码或伪码。这种码序列的主要特点是，不仅具有类似随机码的良好自相关特性，而且具有某种确定的编码规则，它是周期性的，容易复制。

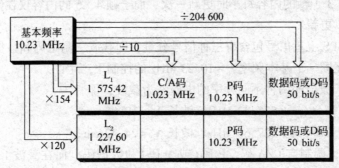

图 8-23　卫星信号的构成

　　GPS 卫星的测距码有两种，即 C/A 码和 P 码(或 Y 码)，均属伪随机码。C/A 码的码元宽度较大，假设两个序列的码元对齐误差，为码元宽度的 1/100，则这时相应的测距误差可达 2.9 m。由于其精度较低，C/A 码也被称为粗码。

　　由于 P 码的码元宽度为 C/A 码的 1/10，这时若取码元的对齐精度仍为码元宽度的 1/100，则由此引起的相应距离误差约为 0.29 m。仅为 C/A 码的 1/10。所以 P 码可用于较精密的定位，通常也被称之为精码。

　　GPS 导航电文是包含有关卫星的星历、卫星工作状态、时间系统、卫星钟运行状态、轨道摄动改正、大气折射改正和由 C/A 码捕获 P 码等导航信息的数据码(或 D 码)，导航电文是利用 GPS 进行定位的数据基础(图 8-24)。

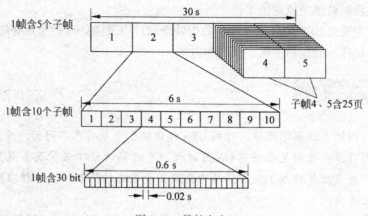

图 8-24　导航电文

导航电文也是二进制码，依规定格式组成，按帧向外播送。每帧电文含有 1 500 bit，播送速度为 50 bit/s。所以播送一帧电文的时间需要 30 s。

第 1、2、3 子帧播放该卫星的广播星历及卫星钟修正参数，其内容每小时更新一次，第 4、5 子帧播放所有空中 GPS 卫星的历书（卫星的概略坐标），完整的历书占 25 帧，所以需经 12.5 min 才播完，其内容仅在地面注入站注入新的导航数据才更新。

每帧导航电文含有 5 个子帧，而每个子帧分别含有 10 个字节，每个字节 30 bit，故每一子帧共含 300 bit，其持续播发的时间为 6 s。为了记载多达 25 颗卫星的星历，所以子帧4、5 各含有 25 页。子帧 1、2、3 与子帧 4、5 的每一页均构成一个主帧。在每一主帧的帧与帧之间，1、2、3 子帧的内容每小时更新一次，而子帧 4、5 的内容仅在给卫星注入新的导航数据后才得以更新。

前已指出，GPS 卫星信号包含有三种信号分量，即载波、测距码和数据码。而所有这些信号分量都是在同一个基本频率 $f_0 = 10.23$ MHz 的控制下产生的。

GPS 卫星取 L 波段的两种不同频率的电磁波为载波，即

L_1 载波：$f_1 = 154 \times f_0 = 1\ 575.42$ MHz，波长 $\lambda_1 = 19.03$ cm。

L_2 载波：$f_2 = 120 \times f_0 = 1\ 227.60$ MHz，波长 $\lambda_2 = 24.42$ cm。

在载波 L_1 上，调制有 C/A 码、P 码（或 Y 码）和数据码，而在载波 L_2 上只调制有 P 码（或 Y 码）和数据码。

四、载波相位实时差分定位技术

1. GPS 实时动态定位方法

实时动态（Real Time Kinematic，RTK）测量系统是 GPS 测量技术与数据传输技术相结合而构成的组合系统，它是 GPS 测量技术发展中的一个新的突破。

RTK 测量技术是以载波相位观测量为根据的实时差分 GPS（RTD GPS）测量技术。GPS 测量工作的模式已有多种，如静态、快速静态、准动态和动态相对定位等。但是，利用这些测量模式，如果不与数据传输系统相结合，其定位结果均需通过观测数据的测后处理而获得。由于观测数据需在测后处理，所以上述各种测量模式不仅无法实时地给出观测站的定位结果，而且也无法对基准站和用户站观测数据的质量进行实时的检核，因而难以避免

在数据后处理中发现不合格的测量成果、需要进行返工重测的情况。

实时动态测量的基本思想(图8-25)是在基准站上安置一台GPS接收机，对所有可见GPS卫星进行连续观测，并将其观测数据通过无线电传输设备实时地发送给用户观测站。在用户观测站，GPS接收机在接收GPS卫星信号的同时通过无线电接收设备接收基准站传输的观测数据，然后根据相对定位的原理实时计算并显示用户站的三维坐标及其精度。这样，通过实时计算的定位结果，便可监测基准站与用户站观测成果的质量和解算结果的收敛情况，从而可实时地判定解算结果是否成功，以减少冗余观测，缩短观测时间。

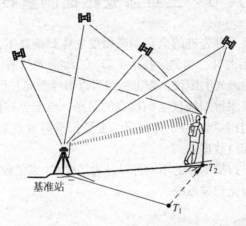

图 8-25　RTK 测量原理

2. 区域 CORS 系统

依据 RTK 的测量原理，利用多基站网络 RTK 技术取代 RTK 单独设站。20 世纪 80 年代，加拿大首先提出了建立连续运行参考站系统(Continuous Operational Reference System, CORS)，并于 1995 年建成了第一个 CORS 台站网。

CORS 系统是卫星定位技术、计算机网络技术、数字通信技术等高新科技多方位、深度融会的产物。它由基准站网、数据处理中心、数据传输系统、定位导航数据播发系统、用户应用系统五个部分组成，各基准站与监控分析中心间通过数据传输系统连接成一体，形成专用网络。

(1)基准站网。基准站网由范围内均匀分布的基准站组成，负责采集 GPS 卫星观测数据并输送至数据处理中心，同时提供系统完好性监测服务。

(2)数据处理中心。系统的控制中心，用于接收各基准站数据，进行数据处理，形成多基准站差分定位用户数据，组成一定格式的数据文件，分发给用户。数据处理中心是 CORS 的核心单元，也是高精度实时动态定位得以实现的关键所在。中心 24 h 连续不断地根据各基准站所采集的实时观测数据在区域内进行整体建模解算，自动生成一个对应于流

动站点位的虚拟参考站(包括基准站坐标和 GPS 观测值信息),并通过现有的数据通信网络和无线数据播发网向各类需要测量和导航的用户以国际通用格式提供码相位/载波相位差分修正信息,以便实时解算出流动站的精确点位。

(3)数据传输系统。各基准站数据通过光纤专线传输至监控分析中心,该系统包括数据传输硬件设备及软件控制模块。

(4)数据播发系统。系统通过移动网络、UHF 电台、Internet 等形式向用户播发定位导航数据。

(5)用户应用系统。包括用户信息接收系统、网络型 RTK 定位系统、事后和快速精密定位系统以及自主式导航系统和监控定位系统等。按照应用精度的不同,用户服务子系统可以分为毫米级至米级用户系统;按照用户应用的不同,可以分为测绘与工程用户(厘米、分米级)、车辆导航与定位用户(米级)、高精度用户(事后处理)、气象用户等几类。

第六节　三维激光扫描测量技术

三维激光扫描技术是一种先进的全自动高精度立体扫描技术,又称为实景复制技术,是继 GPS 空间定位技术后的又一项测绘技术革新。三维激光扫描仪是由一台配置伺服马达系统、高速度、高精度的激光测距仪,配上一组可以引导激光并以均匀角速度扫描的反射棱镜组成的。激光测距仪测得扫描仪至扫描点的斜距,再配合扫描的水平和垂直方向角,可得到每一扫描点的空间相对 X、Y、Z 坐标,大量扫描离散点数据结合则构成了三维激光扫描的点云(point clouds)数据。

三维激光扫描仪按照扫描平台的不同可以分为:机载(或星载)激光扫描系统、地面型激光扫描系统、便携式激光扫描系统。

小 贴 士

现在的三维激光扫描仪每次测量的数据不仅仅包含 X、Y、Z 点的信息,还包括颜色信息,同时还有物体反射率的信息,这样全面的信息能给人一种物体在电脑里真实再现的感觉,是一般测量手段无法做到的。

一、地面三维激光扫描仪测量原理

如图 8-26 所示,三维激光扫描仪发射器发出一个激光脉冲信号,经物体表面漫反射后,沿几乎相同的路径反向传回到接收器,可以计算目标点 P 与扫描仪之间的距离 S,控制编码器同步测量每个激光脉冲横向扫描角度观测值 α 和纵向扫描角度观测值 β,就可以利用式(8-20)计算点的三维坐标。三维激光扫描测量一般为仪器自定义坐标系。X 轴在横向扫描面内,Y 轴在横向扫描面内与 X 轴垂直,Z 轴与横向扫描面垂直。

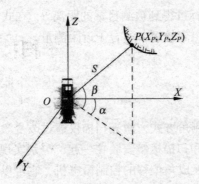

图 8-26 三维激光扫描仪坐标系

$$\begin{cases} X_P = S\cos\beta\cos\alpha \\ Y_P = S\cos\beta\sin\alpha \\ Z_p = S\sin\beta \end{cases} \tag{8-20}$$

二、测距原理

三维激光扫描仪的测距方法主要有脉冲法、相位法及三角法。脉冲法和相位法测距原理见第八章第二节。

三角法测距是借助三角形几何关系，求得扫描中心到扫描对象的距离。激光发射点和CCD 接收点位于长度为 L 的高精度基线两端，并与目标反射点构成一个空间平面三角形。如图 8-27 所示，通过激光扫描仪角度传感器可得到发射光线及入射光线与基线的夹角，分别为 γ、λ，激光扫描仪的轴向自旋转角度 α，然后以激光发射点为坐标原点，基线方向为 X 轴正向，以平面内指向目标且垂直于 X 轴的方向线为 Y 轴建立测站坐标系。通过计算可得目标点的三维坐标为

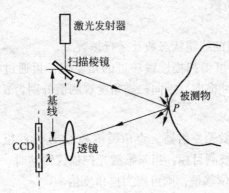

图 8-27 角测距原理

$$\begin{cases} X = \dfrac{\cos\gamma\sin\lambda}{\sin(\gamma+\lambda)} \cdot L \\[2mm] Y = \dfrac{\sin\gamma\sin\lambda\cos\alpha}{\sin(\gamma+\lambda)} \cdot L \\[2mm] Z = \dfrac{\sin\gamma\sin\lambda\sin\alpha}{\sin(\gamma+\lambda)} \cdot L \end{cases} \tag{8-21}$$

利用目标点 P 的三维坐标可得到被测目标的距离 S，在式(8-21)中，由于基线长 L 较小，因此决定了三角法测量距离较短，适合于近距测量。

三、测角原理

1. 角位移测量方法

区别于常规仪器的度盘测角方式，激光扫描仪通过改变激光光路获得扫描角度。如图 8-28 所示，把两个步进电机和扫描棱镜安装在一起，分别实现水平和垂直方向扫描。步进电机是一种将电脉冲信号转换成角位移的控制微电机，它可以实现对激光扫描仪的精确定位。在扫描仪工作的过程中，通过步进电机的细分控制技术，获得稳步、精确的步距角 θ_b：

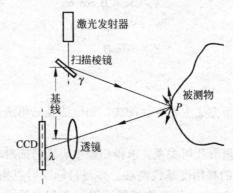

图 8-28　角测距原理

$$\theta_b = \frac{2\pi}{N \cdot m \cdot b} \tag{8-22}$$

式中　　N——电机的转子齿数；

　　　　m——电机的相数；

　　　　b——各种连接绕组的线路状态数及运行拍数。

在得到 θ_b 的基础上，可得扫描棱镜转过的角度值，再通过精密时钟控制编码器同步测量，便可得每个激光脉冲横向、纵向扫描角度观测值分别为 α、θ。

2. 线位移测量方法

激光扫描测角系统由激光发射器、直角棱镜和 CCD 元件组成，激光束入射到直角棱镜上，经棱镜折射后射向被测目标，当三维激光扫描仪转动时，出射的激光束将形成线性的扫描区域，CCD 记录线位移量，则可得扫描角度值。

地面三维激光扫描系统具有如下特点：

(1)快速性。激光扫描测量能够快速获取大面积目标空间信息，每秒可获取数以万计的数据点。

(2)非接触性。采用完全非接触的方式对目标进行扫描测量，从目标实体到三维点云数据一次完成，做到真正的快速原形重构，可以解决危险领域的测量、柔性目标测量、需要保护对象的测量以及人员不可到达位置的测量等工作。

(3)激光的穿透性。激光的穿透特性使得地面三维激光扫描系统获取的采样点能描述目标表面的不同层面的几何信息。

(4)实时、动态、主动性。属于主动式扫描系统，通过探测自身发射的激光脉冲回射信号来描述目标信息，系统扫描测量不受时间和空间的约束。系统发射的激光束是准平行光，避免了常规光学照相测量中固有的光学变形误差，拓宽了纵深信息的立体采集。

(5)高密度、高精度特性。激光扫描能够以高密度、高精度的方式获取目标表面特征。在精密的传感工艺支持下，对目标实体的立体结构及表面结构的三维集群数据作自动立体采集。采集的点云由点的位置坐标数据构成，减少了传统手段中人工计算或推导所带来的不确定性。利用庞大的点阵和一定浓密度的格网来描述实体信息，采样点的点距间隔可以选择设置，获取的点云具有较均匀的分布。

(6)数字化、自动化。系统扫描直接获取数字距离信号，具有全数字特征，易于自动化显示输出，可靠性好。扫描系统数据采集和管理软件通过相应的驱动程序及 TCP/IP 或平行连线接口控制扫描仪进行数据的采集，处理软件对目标初始点/终点进行选择，具有很好的点云处理、建模处理能力，扫描的三维信息可以通过软件开放的接口格式被其他专业软件所调用，具有与其他软件的兼容性和互操作性。

> 目前，三维激光扫描技术已广泛应用于文物保护、建筑、管道、农林、大型工业制造、公安、交通、工业设计等相关测量领域，但是，从目前国内研究和应用的情况看，三维激光扫描系统还存在一些不足，如：售价偏高；仪器自身和精度的检校存在困难，基准值求取复杂；点云数据处理软件没有统一化，各个厂家都有自带软件，互不兼容；精度、测距与扫描速率存在矛盾关系等。

思 考 题

1. 电子测角方法有哪几种？各有何特点？
2. 简述相位式测距仪的基本原理。
3. 简述全站仪的组成及其功能。
4. 数字水准仪是如何获取水准尺读数的？常用的条码图像自动识别技术有哪些？
5. GNSS 测量需要同时观测几颗卫星？为什么？
6. 三维激光扫描仪的构造主要包括哪些部件？
7. 三维激光扫描仪的测距方法有哪几种方式？
8. 三维激光扫描仪的测角方法有哪几种方式？简述角位移测量原理。

第九章　工业与民用建筑的施工测量

学 习 目 标

1. 了解施工测量的目的和内容
2. 熟悉建筑场地上的控制测量
3. 理解民用建筑施工中的测量工作
4. 掌握工业厂房施工中的测量工作
5. 掌握建筑物变形观测

第一节　概述

一、施工测量的目的和内容

1. 施工测量的目的

施工测量的目的是将设计的建筑物的平面位置和高程，按设计要求用一定精度测设在地面上，作为施工的依据。

2. 施工测量的内容

(1)施工控制测量工作。开工前在施工场地上建立平面和高程控制网，以保证施工放样的整体精度，可分批分片测设，同时开工，可缩短建设工期。

(2)建筑物的施工放样工作。

(3)编绘建筑物场地的竣工总平面图，作为验收时鉴定工程质量的必要资料以及工程交付使用后运营、管理、维修、扩建的主要依据之一。

(4)变形观测。对建筑物进行变形观测，以保证工程质量和建筑物的安全。

二、施工测量原则

施工测量也必须遵循"从整体到局部""先控制后放样"的原则。首先在建筑场地上建立统一的平面和高程控制网，然后根据施工控制网来放样建筑物的主轴线，再根据建筑物的主轴线来放样建筑物的各个细部。施工控制网不仅是施工放样的依据，同时也是变形观测、竣工测量以及将来建筑物扩建、改建的依据。为了防止测量错误，施工测量同样必须遵循"步步检核"的原则。

三、施工测量的特点

施工测量与地形图的测绘相比具有如下特点：

(1)工作性质不同。测绘地形图是将地面上的地物、地貌测绘在图纸上；而施工测量和它相反，是将设计图纸上的建筑物按其位置放样在相应的地面上。

(2)精度要求不同。测绘地形图的精度取决于测图比例尺。一般来说，施工控制网的精度高于测图控制网的精度。施工测量的精度主要取决于工程性质、建筑物的大小高低、建筑材料、施工方法等因素。一般高层大型建筑的施工测量精度高于低层、中小型建筑物；钢结构、木结构的建筑物施工测量的精度高于钢筋混凝土结构的建筑物；装配式施工的建筑物施工测量精度高于非装配式施工的建筑物。

(3)施工测量与工程施工密切相关。施工测量贯穿于整个施工过程之中，场地平整、建筑物定位、基础施工、建筑物构件安装、竣工测量、变形观测都需要进行测量。

(4)受施工干扰大。施工现场工种多，交叉作业频繁，进行测量工作受干扰较大。测量标志必须埋在不易被破坏且稳定的位置，还应妥善保护，如有破坏应及时恢复。

第二节　建筑场地上的控制测量

一、概述

1. 施工控制网

施工控制网包括平面控制网和高程控制网。

在大中型建筑场地上，施工平面控制网一般布置成建筑物方格网，施工高程网布置成水准网。对于小型建筑场地，施工平面控制网布置成建筑基线，施工高程控制网布置成附合或闭合水准路线。当建筑场地建立建筑方格网有困难时，可以采用导线网作为施工平面控制。

2. 测量坐标系与施工坐标系的换算

建筑施工通常采用施工坐标系，也称为建筑坐标系。其坐标轴线与建筑物主轴线平行，便于设计坐标计算和施工放样工作。

如图 9-1 所示，设 XOY 为测量坐标系，$X'O'Y'$ 为施工坐标系。将 P 点从施工坐标系 $(X'_P,\ Y'_P)$ 换算到测量坐标系中的坐标 $(X_P,\ Y_P)$，换算公式为

$$X_P=X_{O'}+X'_P\cos\alpha-Y'_P\sin\alpha$$
$$Y_P=Y_{O'}+X'_P\sin\alpha+Y'_P\cos\alpha \tag{9-1}$$

式中　$X_{O'}$、$Y_{O'}$——O' 在测量坐标系中的坐标；

　　　　α——X' 轴在测量坐标系中的方位角。

将 P 点的测量坐标 $(X_P,\ Y_P)$ 换算到施工坐标 $(X'_P,\ Y'_P)$ 的公式为

$$X'_P=(X_P-X_{O'})\cos\alpha+(Y_P-Y_{O'})\sin\alpha$$
$$Y'_P=-(X_P-X_{O'})\sin\alpha+(Y_P-Y_{O'})\cos\alpha \tag{9-2}$$

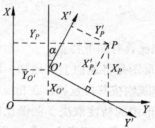

图 9-1　测量坐标系与施工坐标系的换算

二、建筑基线的测设

建筑基线的布置，应根据建筑物的分布、场地的地形和已有测量控制点而定。通常，建筑基线可布置成图 9-2 所示形式。

根据建筑场地已有测量控制点的情况不同，建筑基线的测设方法主要有以下两种情况。

（1）根据建筑红线测设建筑基线。

城市规划行政主管部门批准并由测绘部门实地测定的建设用地位置的边界线称为建筑红线。

如图 9-3 所示，1、2、3 点是建筑红线点，AOB 是建筑基线点。在 1、2、3 点上分别用直角坐标法放样 AOB 三个建筑基线点。然后进行测量校核，实量 AO、BO 的距离与设计距离相对误差不应超过 1/10 000，$\angle AOB$ 与 90°之差不得超过 20″。

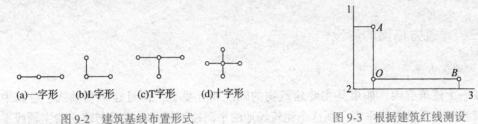

图 9-2　建筑基线布置形式　　　　　　　图 9-3　根据建筑红线测设

（2）根据测量控制点测设建筑基线。

①如图 9-4 所示，在测量控制点 1、2 上，用极坐标初定建筑基线点 D_3 为其对应的距离。

②如图 9-5 所示，由于存在测量误差，$A'O'B'$ 不在同一条直线上。在 O' 点用经纬仪测量水平角 $\angle A'O'B' = \beta$，再测量 $A'O'$、$O'B'$ 的长度为沿与基线垂直方向各移动相同的距离，其值按下式计算

$$\delta = \frac{ab}{(a+b) \times \rho''} \left(90° - \frac{\beta}{2} \right) \tag{9-3}$$

把 $A'O'B'$ 调整到 AOB。经纬仪置 O 点，再测水平角 $\angle AOB$，要求 $|\angle AOB - 180°| \leqslant 20″$。

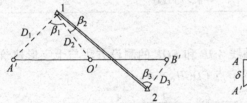　　　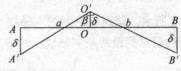

图 9-4　根据测量控制点测设　　　　　　图 9-5　直线上点位的调整

③把 AOB 调整为一条直线后，再用精密放样水平距离的方法调整 A、B 的位置，调整为 A_0B_0。再测量 OA_0，OB_0 的距离，要求测量两段水平距离与设计水平距离的相对误差小于 1/10 000。

④如图 9-6 所示，经纬仪置 O 点，初定 C'，再用精密测设 90°的方法得到 C 点，用精密测设水平距离的方法得到 C_0 点（图 9-7）。测量检核，对于角度 $\angle A_0OC_0$ 和水平距离 OC_0 的精度要求同测设 A_0OB_0 建筑基线的精度。

⑤同样的方法测设点，如图 9-7 所示。

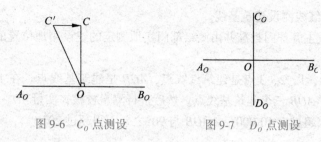

图 9-6 C_O 点测设   图 9-7 D_O 点测设

三、建筑方格网的测设

1. 建筑方格网的布置及精度指标

在一个建筑群内，如果其主要建筑物的轴线相互垂直，而且建筑物轴线、道路中心线、管线等相互平行或垂直，则这个建筑场地的平面控制网可布置成与建筑物主轴线平行的矩形格网形式，称为建筑方格网。

建筑方格网的设计在设计总平面图上进行。建筑方格网的主轴线点应设置在工程放样精度要求最高的地方。方格网的边平行于建筑物的轴线，彼此之间严格垂直，边长宜在100 m 范围内，同时最好是 10 m 的倍数。方格网的边长应保证通视良好，便于测角与量距，点位要稳定可靠，并能长期保存。建筑方格网的精度见表9-1。

表 9-1　建筑方格网的精度

等级	边长/m	测角中误差/(″)	边长的相对中误差	角度限差/(″)	边长限差
一级	200~300	5	1 : 30 000	10	1 : 15 000
二级	100~200	8	1 : 20 000	16	1 : 10 000
三级	50~100	10	1 : 15 000	20	1 : 8 000

2. 建筑方格网主轴线点的测设

如图9-8所示，建筑方格网的主轴线 AOB 和 EOF 的测设方法与十字形建筑基线测设方法相同，然后再测设两条主轴线上的节点 $CDGH$。

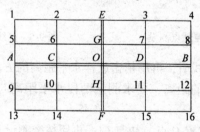

图 9-8　建筑方格网主轴线点的测设

3. 方格网点的测设

(1)初定方格网点 1′，2′，3′，…，16′。

(2)测量所有小方格的边长和角度。

(3)严密平差计算各点坐标。

（4）把初定的各点 1′，2′，3′，…，16′改正到设计位置 1，2，3，…，16 上。

（5）检查小方格的边长和角度。

四、施工高程控制测量

施工高程控制测量的要求是：①水准点的密度尽可能满足施工放样时安置一次水准仪即可测设所需点的高程；②在施工期间高程控制点的位置保持不变；③每栋较大建筑物附近，还要测设建筑物的±0.000 高程标志。

大型的建筑场地高程控制网分为两个等级：首级网和加密网。首级水准网一般由几个闭合环组成，可按国家三等水准测量要求进行施测。加密水准网采用附合水准路线，可按四等水准测量要求进行施测。

中、小型建筑场地高程控制可采用一个等级，可按国家四等水准测量要求进行施测。

第三节　民用建筑施工中的测量工作

一、概述

1. 民用建筑物的分类

住宅楼、商店、学校、医院、食堂、办公楼、水塔等建筑物都属于民用建筑物。民用建筑物分为单层、低层(2~3 层)、多层(4~8 层)和高层(9 层以上)。

2. 民用建筑放样过程

民用建筑放样过程包括建筑物的定位、放线，建筑物基础施工测量，墙体施工测量等。在建筑场地完成了施工控制测量工作后，将建筑物的位置、基础、墙、柱、门楼板、顶盖等基本结构放样出来，设置标志，作为施工的依据。

3. 建筑物施工放样的主要技术指标

建筑物施工放样的主要技术指标见表 9-2。

表 9-2　建筑物施工放样的主要技术指标

建筑物结构	测距相对中误差 K	测角中误差 m_β/(″)	按距离控制点 100 m，采用极坐标法测设点位中误差 m_p/mm	在测站上测定高差中误差/mm	根据起始水平面在施工水平面上测定高程中误差/mm	竖向传递轴线点中误差/mm
金属结构、装配式钢筋混凝土结构、建筑物高度 100~200 m，或跨度 30~36 m	1/20 000	±5	±5	1	6	4
15 层房屋、建筑物高度 60~100 m 或跨度 18~30 m	1/10 000	±10	±11	2	5	3

建筑物结构	测距相对中误差 K	测角中误差 m_β/(″)	按距离控制点 100 m，采用极坐标法测设点位中误差 m_P/mm	在测站上测定高差中误差/mm	根据起始水平面在施工水平面上测定高程中误差/mm	竖向传递轴线点中误差/mm
5~15 层房屋、建筑物高度 15~60 m 或跨度 6~18 m	1/5 000	±20	±22	2.5	4	2.5
5 层房屋、建筑物高度 15 m 或跨度 6 m 以下	1/3 000	±30	±36	3	3	2
木结构、工业管线或公路铁路专用线	1/2 000	±30	±52	5		
土木竖向整平	1/1 000	±45	±102	10		

注：采用极坐标测设点位，当点位距离控制点 100 m 时，其点位中误差的计算公式 $m_P = \sqrt{(100 m_\beta/\rho'')^2 + (100K)^2}$。

二、施工前的准备工作

施工前的准备工作包含以下内容：

(1) 了解设计意图，熟悉设计资料，核对设计图纸。

(2) 现场踏勘，检测平面控制点和水准点。

(3) 制订施工放样的方案，准备放样数据，绘制放样略图。

三、建筑物的定位和放线

建筑物的定位就是把建筑物外廓各轴线的交点桩(也称为角桩)放样到地面上，作为放样基础和细部的依据。

1. 建筑物定位的方法

(1) 根据建筑红线定位。

(2) 根据建筑基线、建筑方格网定位。

(3) 根据测量控制点定位。

(4) 根据已有建筑物定位。

2. 建筑物放线

根据建筑物外廓的交点桩放样其他细部轴线的交点，也称为中心桩，作为基础放线、细部放线和基槽开挖边线放样的依据。

3. 建筑物放线的步骤

(1) 测设所有轴线的中心桩。

(2) 测设轴线的控制桩或者龙门板控制桩(图 9-9)。

（3）撒出基槽开挖边界的白灰线。

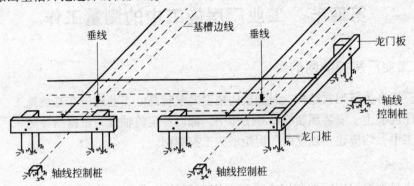

图 9-9　轴线的控制桩、龙门桩和龙门板

四、建筑物基础施工中的测量工作

1. 控制基槽开挖深度

当基槽挖到一定深度后，用水准仪在槽壁上测设一些水平桩（图 9-10），使木桩上表面离槽底设计标高为一固定值（如 0.500 m），以控制挖槽深度。一般在槽壁各拐角处和槽壁每隔 3~4 m 处均测设水平桩，其高程测设的允许误差为 ±10 mm。

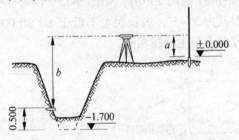

图 9-10　设置水平桩

2. 在垫层上投测基础墙中心线

基础垫层打好后，根据龙门板上轴线钉或轴线控制把轴线投测到垫层上，并用墨线标出基础墙体中心线和基础墙体边线。

3. 基础墙体标高控制

房屋基础墙体的高度是利用基础皮数杆控制，在基础皮数杆上按照设计的尺寸，在砖、灰缝的厚度处划出线条，并标明 ±0.000、防潮层等的标高位置。

4. 基础墙顶面标高检查

基础施工结束后，应检查基础顶面的标高，允许误差为 ±10 mm。

第四节　工业厂房施工中的测量工作

一、工业厂房控制网的测设

工业厂房多为排架式结构，对测量的精度要求较高。工业建筑在基坑施工、安置基础模板、灌注混凝土、安装预制构件等工作中，都以各定位轴线为依据指导施工，因此在工业建筑施工中，均应建立独立的厂房矩形施工控制网。

1. 基线法

基线法是先根据厂区控制网定出厂房矩形网的一边 S_1S_2 作为基础，如图 9-11 所示，再在基线 S_1、S_2 的两端测设直角，设置矩形的两条边 S_1N_1、S_2N_2，并沿各边测量距离，设置距离指示桩 1、2、3、4、5、6。最后在 N_1N_2 处安置仪器，检查角度，并测量 N_1N_2 距离进行检查。这种方法误差集中在最后一边 N_1N_2 上，这条边误差最大。这种方法一般适用于中小型的工业厂房。

2. 轴线法

对于大型工业厂房，应根据厂区控制网定出厂房矩形控制网的主轴线 AOB 和 COD，然后根据两条主轴线测设矩形控制网 $EFGH$。如图 9-12 所示，测设两条主轴线 AOB 和 COD，两主轴线交角允许误差为 $3''\sim5''$，边长误差不低于 $1:30\,000$。然后用角度交会法，交会出 $EFGH$ 各点，其精度要求与主轴线相同。

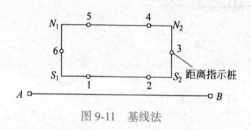

图 9-11　基线法

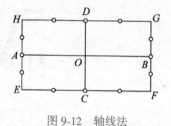

图 9-12　轴线法

二、厂房柱列轴线的测设和柱基的测设

1. 厂房柱列轴线的测设

根据厂房平面图上所注的柱间距和跨距尺寸，用钢尺沿厂房矩形控制网各边量出各柱列轴线控制桩的位置，如图 9-13 中的 $1'$、$2'$、…，并打入大木桩，桩顶用小钉标出点位，作为柱基测设和施工安装的依据。测量时应以相邻的两个距离指标桩为起点分别进行，以便检核。

2. 杯形柱基的施工测量

(1) 柱基的测设。

柱基测设是为每个柱子测设出四个柱基定位桩，如图 9-14 所示，作为放样柱基坑开挖边线、修坑和立模板的依据。按照基础大样图的尺寸，放出基坑开挖线，撒白灰标出开挖范围。

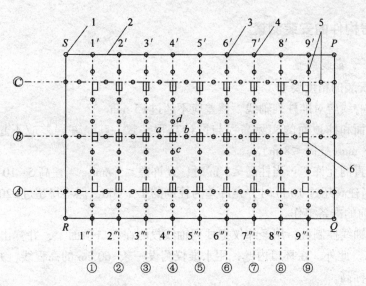

图 9-13　厂房柱列轴线和柱基测量

1—厂房控制桩；2—厂房矩形控制网；3—柱列轴线控制桩；

4—距离指标桩；5—定位小木桩；6—柱基础

（2）基坑高程的测设。

当基坑开挖到一定深度时，应在坑壁四周离坑底设计高程 0.3~0.5 m 处设置几个水平桩，作为基坑修坡和清底的依据。

（3）垫层和基础放样。

在基坑底设置垫层小木桩，使桩顶面高程等于垫层设计高程，作为垫层施工依据。

（4）基础模板定位。

如图 9-15 所示，完成垫层施工后，根据基坑边的柱基定位桩，将柱基定位线投测在垫层上，作为柱基立模板和布置基础钢筋的依据。拆模后，在杯口面定出柱轴线，在杯口内壁定出设计标高。

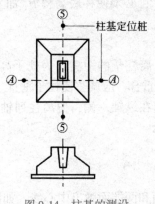

图 9-14　柱基的测设

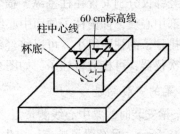

图 9-15　杯形基础

三、厂房构件的安装测量

1. 厂房柱子安装测量

（1）柱子安装的精度要求。

①柱脚中心线应对准柱列轴线，偏差应不超过±5 mm。

②牛脚顶面和柱顶面的实际高程与设计高程一致，其允许误差应不超过±5 mm（柱高≤5 m）或±8 mm（柱高≤8 m）。

③柱身垂直的允许差：当柱高≤5 m 时，允许差≤5 mm；当柱高5~10 m 时，允许差为±10 mm；当柱高超过 10 m 时，允许差为柱高的1/1 000，但不得超过±20 mm。

（2）吊装前的准备工作。

①由柱列轴线控制桩，用经纬仪把柱列轴线投测在杯口顶面上，并弹出墨线，用红漆画上"▶"标志。此外，在杯口内壁，用水准仪测设一条-60 cm 的高程线，并用"▼"表示，用以检查杯底标高。

②每根柱子按轴线位置进行编号，在柱身的三个侧面弹出柱中心线和柱下水平线，如图 9-16 所示。

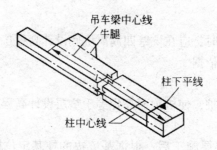

图 9-16　在预制的厂房柱子上弹线

（3）柱长检查与杯底抄平。

为了保证吊装后的柱子牛腿面符合设计高程 H_2，必须使杯底高程 H_1 加上柱脚到牛腿面的长度 l 等于 H_2。

（4）柱子的竖直校正。

将两台经纬仪分别安置在柱基纵、横轴线上，离柱子的距离约为柱子高的 1.5 倍处。瞄准柱子底部中心线，仰俯柱子顶面中心线。如不重合，应调整使柱子垂直。

由于成排柱子的柱距很小，可以将经纬仪安置在纵轴一侧，偏离柱列轴线 3 m 以内。这样安置一次仪器，可校数根柱子，如图 9-17 所示。

2. 吊车梁的安装测量

（1）吊车梁安装时的梁中心线测量。

如图 9-18 所示，吊车梁吊装前，应先在其顶面和两端面弹出中心线。如图 9-19 所示，利用厂房中心线 A_1A_1，根据设计图纸上的数据在地面上测设出吊车轨道中心线 $A'A'$。在一个端点 A' 上安置经纬仪，瞄准另一个端点 A'，将吊轨中心线投测到每根柱子的牛腿面上，并弹墨线。吊装时吊车梁中心线与牛脚上中心线对齐，其允许误差为±3 mm。安装完成后，用钢尺测量吊车梁中心线间隔与设计间距，允许误差不得超过±5 mm。

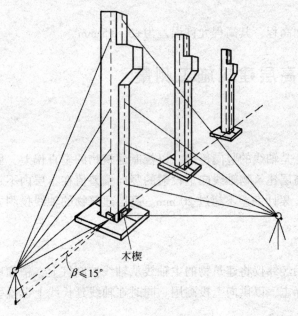

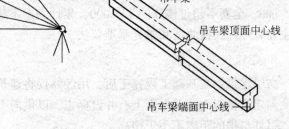

图 9-17 柱子的竖直校正　　　　　　图 9-18 在吊车梁顶面和端面弹线

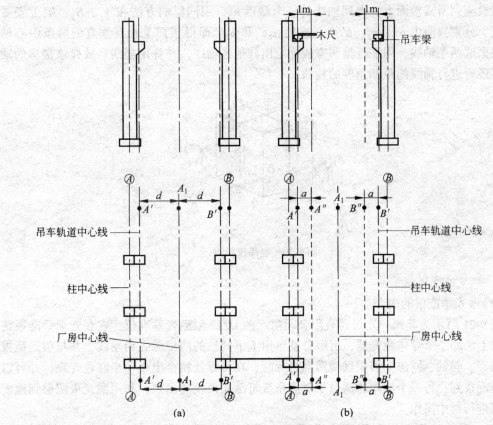

图 9-19 吊车梁和吊车轨道的安装

（2）吊车梁安装时的高程测量。

吊车梁安装完后，检查吊车梁顶面高程，其高程允许误差为±3～±5 mm。

第五节　高层建筑施工测量

一、高层建筑物的轴线投测

高层建筑施工测量的主要任务之一是轴线的竖向传递，以控制建筑物的垂直偏差，做到正确地进行各种楼层的定位放线。高层建筑物轴线向上投射的竖向偏差值在本层内不超过 5 mm，全高不超过楼高的 1/1 000，累计偏差不超过 20 mm。高层建筑物的轴线投测方法主要有经纬仪投测法和激光垂准仪法。

1. 经纬仪投测法

高层建筑物在基础工程完工后，用经纬仪将建筑物的主轴线从轴线控制桩上，精确地引测到建筑物四面底部立面上，并设标志，以供向上投测用。同时在轴线延长线上设置引桩，引桩与楼的距离不小于楼高。

如图 9-20 所示，向上投测轴线时，将经纬仪安置在 A_1 上，照准 a_1，然后用正倒镜法把轴线投测到所需楼面上，得到轴线的一个端点 a_2，用同样的方法在 A_1'、B_1、B_1' 上安置经纬仪，分别投测出 a_2'、b_2、b_2' 点。连接 a_2a_2' 和 b_2b_2' 即得楼面上相互垂直的两条中心轴线，根据这两条轴线，用平行推移方法确定出其他各轴线，并弹出墨线。放样该楼房的轴线后，还要进行轴线间距和角度的检核。

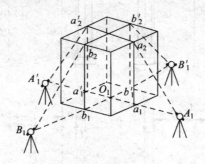

图 9-20　经纬仪投测

2. 激光垂准仪投测法

（1）激光垂准仪的简介。

图 9-21 所示为苏州一光仪器有限公司生产的 DZJ2 型激光垂准仪。它在光学垂准系统的基础上添加了半导体激光器，可以分别给出上下同轴的两根激光铅垂线，并与望远镜视准轴同心、同轴、同焦。当望远镜照准目标时，在目标处就会出现一个红色光斑，并可以从目镜观察到；另一个激光器通过下对点系统将激光束发射出来，利用激光束照射到地面的光斑进行对中操作。

DZJ2 型激光垂准仪利用圆水准器和水准管来整平仪器，激光白天的有效射程为120 m，夜间为 250 m，距离仪器望远镜 80 m 处的激光光斑直径不大于 5 mm，其向上投测

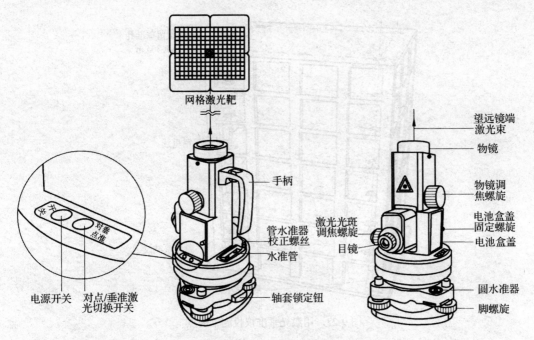

图 9-21 DZJ2 型激光垂准仪

一测回垂直测量标准偏差为 $\dfrac{1}{45\ 000}$，等价于激光铅垂精度为 $\pm 5''$。

（2）激光垂准仪投测轴线点。

如图 9-22 所示，先根据建筑物的轴线分布和结构情况设计好投测点位，投测点位距离最近轴线的距离一般为 0.5~0.8 m。

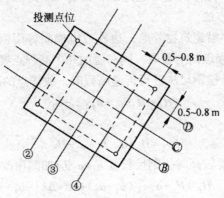

图 9-22 投测点位设计

基础施工完成后，将设计投测点位准确地测设到地坪层上，以后每层楼板施工时，都应在投测点位处预留 30 cm×30 cm 的垂准孔，如图 9-23 所示。

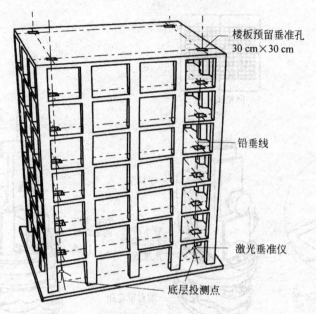

楼板预留垂准孔
30 cm×30 cm

铅垂线

激光垂准仪

底层投测点

图 9-23　用激光垂准仪投测轴线点

二、高屋建筑物的高程传递

高层建筑施工测量的另一个主要任务是高程传递。建筑物首层±0.000 高程由水准点测设，由首层逐渐向上传递，使楼板、门窗等高程达到设计要求。高程传递每层允许误差±3 mm；建筑物高度 $H \le 30$ m，允许误差不超过±5 mm；30 m$<H \le 60$ m，允许误差不超过±10 mm；60 m$<H \le 90$ m，允许误差不超过±15 mm；$H>90$ m，允许误差不超过±20 mm。下面介绍几种传递高程的方法。

(1)钢尺直接测量法。沿建筑物外墙、边柱或电梯间等用钢尺直接测量，一幢高层建筑物至少要有三个首层高程点向上量取，同一层的几个高程点要用水准仪测量进行校核。

(2)悬挂钢尺法。用悬挂钢尺法进行传递高程时，放样点的高程为

$$H_B = H_A + a_1 - b_1 + a_2 - b_2 \qquad (9-4)$$

B 点应读前视

$$b_2 = H_A + a_1 - b_1 + a_2 - H_B \qquad (9-5)$$

在测设点高程要求精度较高时，钢尺长度 $b_1 - a_2$ 应加两项改正数 Δt 和 Δk，则

$$H_B = H_A + a_1 - \left[(b_1 - a_2) + \Delta t + \Delta k \right] - b_2 \qquad (9-6)$$

式中　Δt——钢尺温度改正数；

　　　Δk——钢尺尺长改正数。

第六节 建筑物变形观测

一、概述

1. 建筑物产生变形的原因

建筑物变形主要由两个方面的原因产生。一是自然条件及其变化，即建筑物地基的工程地质、水文地质等；另一种是与建筑物本身相联系的原因，即建筑物本身荷重，建筑物的结构、形式及动荷载的作用。

2. 变形观测的任务

变形观测的任务是周期性地对观测点进行重复观测，以求得其在两个观测周期间的变化量。

3. 变形观测的主要内容

变形观测的主要内容是建筑物的沉降观测、水平位移测量、倾斜观测和裂缝观测。

4. 变形观测的目的

建筑物在建设和使用过程中都会产生变形。这种变形在一定限度内，应认为是正常现象；但如果超过规定的限度，就会影响建筑物的正常使用，严重时还会危及建筑物的安全。其次，通过对建筑物进行变形观测、分析研究，可以验证地基和基础的计算方法、工程结构的设计方法、建筑物的允许沉陷与变形数值，为工程设计、施工、管理和科学研究工作提供资料。

5. 变形观测的精度和频率

建筑物变形观测是否能达到预定的目的，主要取决于基准点和观测点的布置、观测精度与频率，以及每次观测的日期。

变形观测的精度要求取决于建筑物预计的允许值的大小和进行观测的目的。一般认为，如果观测目的是变形值不超过某一允许值而确保建筑物的安全，其观测中误差应小于允许变形值的 $1/10 \sim 1/20$。

小贴士

观测的频率由变形速度以及观测目的决定。通常要求观测次数既能反应变化过程，又不遗漏变化的时刻。

6. 建筑物变形测量的精度等级

建筑物变形测量的精度等级见表9-3。

表 9-3　建筑物变形测量的精度等级

| 等级 | 沉降观测 | 位移观测 | 适用范围 |
	观测点测站高差中误差 m_R/mm	观测点坐标中误差 M/mm	
特级	≤0.05	≤0.3	特高精度要求的特种精密工程和重要科研项目变形观测
一级	<0.15	≤1.0	高精度要求的大型建筑物和科研项目变形观测
二级	≤0.50	≤3.0	中等精度要求的建筑物和科研项目变形观测；重要建筑物主体倾斜观测、场地滑坡观测
三级	≤1.50	≤10.0	低精度要求的建筑物变形观测；一般建筑物主体倾斜观测、场地滑坡观测

二、建筑物沉降观测

在建筑物施工过程中，随着上部结构的逐步建成、地基荷载的逐步增加，将使建筑物产生沉降现象。建筑物的沉降是逐渐产生的，并将延续到竣工交付使用后的相当长一段时期。因此建筑物的沉降观测应按照沉降产生的规律进行。

1. 水准基准点的布设

对水准基准点的基本要求是必须稳定、牢固、能长期保存。基准点应埋设在建筑物的沉降影响范围及震动影响范围外，桩底高程低于最低地下水位，桩顶高程低于冻土线的高程，宜采用预制多年的钢筋混凝土桩。埋设基准点的方法可以有两种：一种是远离建筑物浅埋，另一种是靠近建筑物深埋。

小贴士

为了检核水准基点是否稳定，一般在建筑场地至少埋设 3 个水准基准点。它可以布设成闭合环、结点或附合水准路线等形式。

2. 沉降观测点的布设

沉降观测点的布设应能全面反映建筑物沉降的情况，一般应布置在沉降变化可能显著的地方，如沉降缝的两侧、基础深度或基础形式改变处、地质条件改变处等。除此以外，高层建筑还应在建筑物的四角点、中点、转角、纵横墙连接处及建筑物的周边 15~30 m 设置观测点。工业厂房的观测点一般布置在基础、柱子、承重墙及厂房转角处。

小　贴　士

　　沉降观测标志可采用墙(柱)标志、基础标志，各类标志的立尺部位应加工成半环形，并涂上防腐剂，如图9-24所示。观测点埋设时必须与建筑物联结牢靠，并能长期使用。观测点应通视良好、高度适中、便于观测，并与墙保持一定距离，应能够在点上竖立尺子。

3. 建筑物的沉降观测

沉降观测与一般水准测量相比具有以下特点：

(1)沉降观测有周期性。一般在基础施工或垫层浇筑后，开始首次沉降观测。施工期间在建筑物每升高1~2层及较大荷载增加前后均应进行观测。竣工后，应连续进行观测，开始每隔1~2个月观测一次，以后随着沉降速度的减慢，可逐渐延长间隔时间，直到稳定为止。

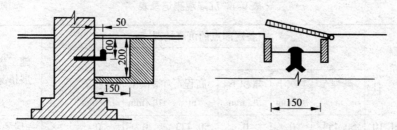

(a)窨井式标志(适用于建筑物内部理设)　　(b)盒式标志(适用于设备基础上埋设)

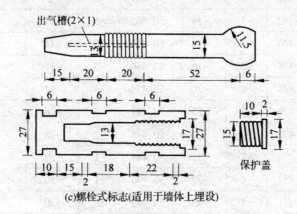

(c)螺栓式标志(适用于墙体上埋设)

图9-24　沉降观测点标志(单位：mm)

　　(2)观测时要求"三固定"，即固定的观测人员、固定的水准仪、固定的水准路线。水准路线的转点位置、水准仪测站位置都要固定。

　　(3)视线长度短，前后视距离差要求严。需要经常测定水准仪的i角。由于观测点比较密集，同一测站上可以采用中间视的方法，测定观测点的高程。

　　(4)一般性高层建筑物和深坑开挖的沉降观测，按国家二等水准测量技术要求施测。对于低层建筑物的沉降观测可采用三等水准测量施测。

4. 沉降观测的成果整理

沉降观测成果处理的内容是：计算每个观测点每次观测的高程，计算相邻两次观测之

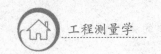

间的沉降量和累积沉降量。图 9-25 所示为根据表 9-4 的数据画出的各观测点的沉降量、荷重、时间的关系曲线。

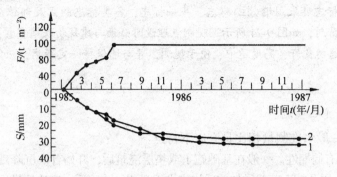

图 9-25 沉降曲线图

表 9-4 沉降观测记录表

观测次数	观测时间（年 月 日）	各观测点的沉降情况						3 …	施工进展情况	荷载情况
		1			2					
		高程/m	本次下沉/mm	累积下沉/mm	高程/m	本次下沉/mm	累积下沉/mm	…		
1	1985.01.10	50.454	0	0	50.473	0	0	…	一层平口	
2	1985.02.23	50.448	−6	−6	50.467	−6	−6		三层平口	40
3	1985.03.16	50.443	−5	−11	50.462	−5	−11		五层平口	60
4	1985.04.14	50.440	−3	−14	50.459	−3	−14		七层平口	70
5	1985.05.14	50.438	−2	−16	50.456	−3	−17		九层平口	80
6	1985.06.04	50.434	−4	−20	50.452	−4	−21		主体完	110
7	1985.08.30	50.429	−5	−25	50.447	−5	−26		竣工	
8	1985.11.06	50.425	−4	−29	50.445	−2	−28		使用	
9	1986.02.28	50.423	−2	−31	50.444	−1	−29			
10	1986.05.06	50.422	−1	−32	50.443	−1	−30			
11	1986.08.05	50.421	−1	−33	50.443	0	−30			
12	1986.12.25	50.421	0	−33	50.443	0	−30			

三、建筑物的倾斜观测

建筑物倾斜观测是测定建筑物顶部相对于底部的水平位移与高差，计算建筑物的倾斜度和倾斜方向。

1. 一般建筑物的倾斜观测

某建筑物的形状为长方体，对它进行倾斜观测时，通常是在建筑物相互垂直的两个立面上。分别在同一竖直面内设置上、下两点标志，如图 9-26 所示，在离建筑物墙面大于 1.5 倍建筑物高度的地方选固定点 A，安置经纬仪，然后瞄准高点 M，用正倒镜取中的方

法定出下面 m_1 点。用同样方法，在与其相垂直的另一墙面上，瞄准高点 N，定出下面 n_1 点。经过一段时间，重复观测一次，得到观测点 m_2 和 n_2。用小钢卷尺分别量得偏移量 Δm 和 Δn，然后计算建筑物的总的位移量

$$\Delta = \sqrt{(\Delta m)^2 + (\Delta n)^2} \tag{9-7}$$

那么建筑物的倾斜角的计算公式为

$$\tan \alpha = \frac{\Delta}{H} \tag{9-8}$$

式中　H——建筑物的高度。

2. 塔式建筑物的倾斜观测

如图 9-27 所示，在烟囱中心的纵横轴线上，距烟囱约为 1.5 倍高度的地方建立测站 A、B。在烟囱底部地面垂直视线方向放一尺子。然后分别照准烟囱底部两点，在尺子上得到 1、2 两点的读数，取平均值为 A。照准烟囱顶部边缘两点，投测在尺子上，得 3、4 点的读数，取平均值为 A'，A 和 A' 读数之差即为 Δm。在 B 点用同样方法可得 Δn。顶部中心对底部中心的位移量 Δ 为

$$\Delta = \sqrt{(\Delta m)^2 + (\Delta n)^2}$$

建筑物的倾斜角计算如下：

$$\tan \alpha = \frac{\Delta}{H}$$

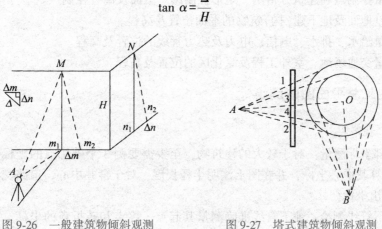

图 9-26　一般建筑物倾斜观测　　　　图 9-27　塔式建筑物倾斜观测

四、建筑物的裂缝观测

建筑物的裂缝观测的内容是测定建筑物上裂缝分布位置、走向、长度、宽度以及变化程度。对裂缝进行编号，并对每条裂缝进行定期观测。

如图 9-28 所示，通常用两块白铁皮，一片为 150 mm×150 mm 的正方形，固定在裂缝的一侧，使其一边与裂缝边缘对齐；另一片为 50 mm×200 mm 的长方形，固定在裂缝的另一侧，并使其中一部分与正方形白铁皮相叠，然后把两块白铁皮表面涂红漆。如果裂缝继续发展，则两块白铁将逐渐拉开，可测得裂缝增加的宽度。

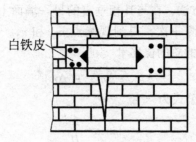

图 9-28　建筑物的裂缝观测

第七节　竣工总平面图的编绘

工业建筑或民用建筑竣工后，应编制竣工总平面图，为建筑物的使用、管理、维修、扩建或改建提供图纸资料和数据。竣工图是根据施工过程中各阶段验收资料和竣工后的实测资料绘制的，故能全面、准确地反应建筑物竣工后的实际情况。

一、竣工总平面图的内容

竣工总平面图包含以下内容：
(1)测量控制点和建筑方格网、矩形控制网等平面及高程控制点。
(2)测量地面及地下建(构)筑物的平面位置及高程。
(3)测量给水、排水、电信、电力及热力管线的位置及高程。
(4)测量交通场地、室外工程及绿化区的位置及高程。

二、竣工总平面图的测绘

1. 室外实测工作

(1)细部坐标测量：对于较大的建筑物，至少需要测 3 个外廓点的坐标；对于圆形建筑物，应测算其中心坐标，并在图上注明半径长度；对于窑井中心、道路交叉点等重要特征点，要测出坐标。

(2)地下管线测绘：地下管线准确测量其起点、终点和转折点的坐标。对于上水道的管顶和下水道的管底，要用水准仪测定其高程。

2. 室内编绘工作

室内编绘是按竣工测量资料编绘竣工总平面图。一般采用建筑坐标系统，并尽可能绘在一张图纸上。对于重要细部点，要按坐标展绘并编号，以便与细部点坐标、高程明细表对照。地面起伏一般用高程注记方法表示。如果内容太多，可另绘分类图，如排水系统、热力系统等。

竣工总平面图的比例尺一般为 1 : 500 或 1 : 1 000。图纸编绘完毕，附必要的说明及图表，连同原始地形图、地质资料、设计图纸文件、设计变更资料、验收记录等合编成册。

思 考 题

1. 简述施工测量的目的和内容。
2. 施工测量的特点有哪些？
3. 建筑场地上的平面控制网形式有几种？各适用于什么场合？
4. 什么叫建筑物定位？建筑物定位的方法有哪几种？
5. 什么叫建筑物放线？建筑物放线的步骤有哪些？
6. 简述工业厂房控制网的两种测设方法。它们各适用于什么场合？
7. 简述高层建筑物如何向高处投测轴线和传递高程。
8. 简述建筑物产生变形的原因。
9. 变形观测的任务、内容和目的是什么？

参 考 文 献

［1］ 刘雨青，曹志勇. 工程测量［M］. 北京：中国电力出版社，2021.

［2］ 周海峰，李向民. 道路工程测量［M］. 北京：机械工业出版社，2021.

［3］ 杨胜炎. 建筑工程测量［M］. 北京：北京理工大学出版社，2021.

［4］ 柴炳阳，王军德. 工程测量［M］. 郑州：黄河水利出版社，2020.

［5］ 田江永. 建筑工程测量［M］. 北京：机械工业出版社，2020.